요리사는 오직 기술전수를 통해서만 진정한 배움을 얻을 수 있는 직업이다.

나에게 영감과 가르침을 주신 현역 또는 이미 고인이 되신 셰프들,
조니 베나리악Johny Bénariac , 크리스토프 블리니Christophe Bligny,
폴 보퀴즈Paul Bocuse, 장 피에르 푸앵Jean-Pierre Foin,
자크 르 디벨렉Jacques Le Divellec, 세르주 레나Serge Léna,
디디에 메리Didier Méry, 조엘 노르망Joël Normand,
조엘 로뷔숑Joël Robuchon, 미셸 로트Michel Roth,
스테판 살라르Stéphane Sallard,
그리고 베르나르 보시옹Bernard Vaussion 님께...

그리고 내가 아직도 많은 것을 배우고 있는 모든 분들에게...

엘리제궁 요리사 **기욤 고메즈의**

# 프랑스요리교실

프랑스 국가 명장
기욤 고메즈 지음

폴 보퀴즈·조엘 로뷔숑 서문
장 샤를 바이양 사진
강현정 옮김

CITRON MACARON

# 차 례

# 서문

## 폴 보퀴즈
### Paul Bocuse

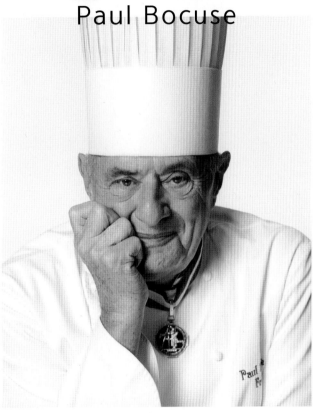

기욤 고메즈는 요리사 집안 출신이 아니다. 어린 시절 품은 꿈을 이루기 위해 그는 더욱 두각을 나타내야 했다. 입성하기 어렵기로 소문난 요리 계에 들어가 성공가도를 달리며 프랑스 미식을 널리 알리는 전령사가 될 것이라는 운명을 미리 결정지었던 요소가 그에게는 아무것도 없었기 때문이다. 어린 나이에 이 직업군의 가장 낮은 단계부터 일을 시작한 이 수습생은 여러 곳의 레스토랑에서 실력을 연마했고 군복무의 일환으로 프랑스 대통령 관저인 엘리제궁의 주방에 합류하게 되었다. 여기서 그 는 프랑스 제5공화국의 가장 전설적인 셰프 중 한 명인 베르나르 보시 옹(Bernard Vaussion)의 지도하에 실력을 쌓아나갔다. 드디어 그는 25 세라는 젊은 나이에 프랑스 명장 요리 부문 타이틀을 획득하며 전설의 반열에 오르게 되었으며 아직도 최연소 국가 요리 명장 수상자라는 기 록을 갖고 있다. 성실한 태도로 목표를 향해 매진하며 항상 얼굴에 미소 를 띠고 있는 기욤 고메즈는 2013년 자신을 이끌어준 멘토의 뒤를 이어 대통령궁의 총주방장 자리에 올랐다. 넘치는 열정을 가진 그는 프랑스 의 미식문화를 적극적이고도 유연한 방식으로 지켜나가고 있다. 소박한

요리부터 근사한 성찬까지 상상력을 발휘하며 가치를 더해가고 있다.

식사하는 인원이 단 두 명이든 이백 명이든 어떤 상황에서도 최고의 맛을 제공한다는 것은 매일매일 당면해야 하는 도전이다. 요리사로서 나의 과거 경험을 되돌아볼 때 이 임무의 막중함은 충분히 이해하고 도 남는다. 대통령을 위해 요리한다는 것은 무거운 책임감을 동반하 는 일인데, 기욤 고메즈는 재능을 발휘하며 이 업무를 잘 수행해나가 고 있다. 그는 탁월한 실력뿐 아니라 훌륭한 성품을 지니고 있다. 식 재료를 존중하며 요리사들의 권익을 위해 힘쓰고 있는 이 젊은 프랑 스 요리 명장은 여러 단체와 활동을 통해 선배 및 동료 요리사들로부 터 전수받은 가치들을 적극적으로 공유하고 있다.

풍부한 사진과 함께 자세한 레시피를 소개한 이 멋진 책은 요리와 미 식 모임에 관심이 있는 많은 대중을 위해 소중한 팁과 조언도 꼼꼼히 짚어주고 있다. 이를 통해 독자들은 한층 더 발전한 다양한 방식으로 레시피를 실현해볼 수 있을 것이다.

# 조엘 로뷔숑
## Joël Robuchon

내가 기욤 고메즈를 만난 것은 2004년 1월, 각 부문별로 최고의 전문가를 선발하는 전설의 시험인 프랑스 명장(MOF) 선발대회에 그가 참가했을 때다. 이 국가 명장 타이틀은 많은 사람들이 탐내는 성배와 같지만 실제로 손에 쥐는 이는 극히 드물다.

이러한 경연대회의 심사위원을 맡다보면 지원자들의 개성, 기질, 성격, 욕망, 동기 등을 금방 파악할 수 있다. 기욤 고메즈는 이 경쟁의 현장에서 열정과 동시에 느긋함을 지닌 사람임을 보여주었다. 우리는 흔한 말로 그가 업계에서 '성공할 것'이라는 것을 감지할 수 있었다. 실로 그는 대단한 불꽃을 품고 있는 인물이었다.

나중에 알게 된 일이지만 그가 선배격인 우리들 중 몇몇을 존경했으며 어린 수습생 시절 나를 만나 이야기를 나누기 위해 파리 롱샹가에 있던 식당 자맹(Jamin)의 문 앞을 기웃거렸다고 한다. 그의 말에 나는 매우 감동했으며 오늘날 이를 아주 자랑스럽게 생각한다. 그가 문턱을 넘어 식당 안에 들어설 만큼 배짱이 두둑하지 못했다는 사실이 안타까울 따름이다.

하지만 다행스럽게도 이후 그는 더 멋진 방식으로 과감하게 도전했다. 25세의 나이에 프랑스 국가 명장(MOF) 타이틀을 획득했고 요리 부문에서 최연소 합격이라는 기록을 세웠다. 드디어 프랑스 국기 색깔인 파랑, 빨강, 흰색 옷깃이 달린 셰프 재킷을 입게 된 것이다. 이는 그를 엘리제궁의 셰프로 초빙하는 데 있어 작지만 아주 중요한 장점이다. 1997년 자크 시라크 대통령 시절 코미(commis, 초보 요리사)로 엘리제궁 업무를 시작한 그는 차근차근 모든 단계를 거쳐 올라와 오늘날 정상에 이르렀다.

그의 역할은 앰배서더의 그것에 견줄 만하다. 사르코지 대통령은 임기를 끝내기 얼마 전 기욤 고메즈에게 국가 공훈 기사 훈장을 수여하는 자리에서 다음과 같이 칭송했다. "각국 국가원수들이 나에게 엘리제궁의 요리에 대해 말한 것을 당신이 안다면... 당신은 자신이 프랑스의 이미지를 위해 얼마나 큰 기여를 하고 있는지 상상할 수 없을 것입니다... 저는 세계 최고의 팀과 함께 일했습니다. 당신은 프랑스 역사에 영원히 기억될 존재입니다."

기욤 고메즈는 다수의 상과 훈장을 받았으며 다양한 조직 및 단체에도 적극적으로 참여하고 있다. 국립 요리 아카데미, 프랑스 요리사 협회, 오귀스트 에스코피에 협회, 프랑스 셰프 연합 등의 회원인 그는 프랑스 요리의 최전방에서 활발하게 활동하고 있다. 국제 셰프 연합의 유럽 대표로 임명된 바 있으며 2012년에는 미식으로 프랑스를 빛낸 인물상을 받았다. 2015년에는 '전 세계 미식계에서 가장 영향력이 큰 30대 인물'로 선정되기도 했다.

기욤 고메즈의 이 책은 좋은 요리에 대한 사랑과 재능이 잘 녹아 있는 간결한 참고서이다. 와인 소스 뫼레트 에그, 미모사 에그, 로스트 치킨, 뵈프 부르기뇽, 키슈 로렌, 파테 앙 크루트, 오리 가슴살 요리, 푸아그라를 넣은 비둘기요리, 옛날식 송아지 블랑케트, 포토푀, 속을 채운 사보이 양배추, 모렐 버섯을 곁들인 송아지 흉선, 7시간 익힌 양 뒷다리, 샴페인 사바용 민물가재 그라탱, 리옹식 강꼬치고기 크넬, 폼 수플레, 그라탱 도피누아, 포르치니 버섯 프리카세 등 프랑스 각 지방에서 즐겨 먹는 전통 레시피의 오리지널 조리법을 자세히 소개하고 있다. 우리는 이 요리들을 보고, 느끼고, 호흡할 수 있으며 그 맛을 아직도 입안에 간직하고 있다. 프루스트의 마들렌처럼 누구에게나 어린 시절로, 또는 가족 식사와 잔치, 각종 기념일, 생일, 성체배령, 결혼 등 프랑스식 잔잔한 일상과 행복의 순간으로 돌아가게 하는 음식들이 있다. 우리는 이러한 특별한 순간에 언제나 맛있는 음식을 원한다.

기욤 고메즈는 이 책을 통해 이러한 일상의 좋은 음식 레시피들을 소환하고 있으며 유용하고도 구체적인 조언들을 첨가해 완성도를 높였다. 양파, 샬롯 잘게 썰기, 정제 버터 만들기, 루 만들기, 닭 실로 묶기 등의 기본 테크닉은 물론이고 실패하지 않는 마요네즈 만들기 같은 소중한 팁도 빼놓지 않았다.

또한 요리 전문 포토그래퍼 장 샤를 바이양(Jean-Charles Vaillant)의 사진을 통해 레시피 과정을 단계별로 차근차근 소개하고 있다. 과정마다 가득한 맛과 풍미를 느낄 수 있다.

이 책은 항상 손이 닿는 가까운 곳에 두어야 할 실용 참고서가 될 것이다. 손쉽게 자주 이용하다 보면 어느새 세월의 흔적이 묻을 것이며 여러분의 주방에 결코 없어서는 안 될 필수품이 될 것이다.

따뜻한 사랑의 마음을 전한다.

# 기본 주방도구

**1** **강판, 그레이터(RÂPE)** : 식품을 잘게 갈아내는 용도로 사용된다(레몬 껍질 제스트, 그뤼예르 또는 콩테 치즈 등).

**2** **주방용 고기 포크(FOURCHETTE DIAPASON)** : 식품을 뒤집거나 스튜, 국물 등에서 건더기를 찍어 건져낼 때 사용한다.

**3** **알뜰 주걱(MARYSE)** : 주걱 머리 부분이 탄성 있는 유연한 재질로 되어 있어 소스, 크림, 반죽 등을 깔끔하게 긁어 덜어내는 데 유용하다.

**4** **주걱(SPATULE)** : 음식물을 섞을 때 사용한다. 폴리카보네이트 소재로 된 것이 튼튼하다.

**5** **감자 필러(ÉCONOME)** : 채소의 껍질을 벗길 때 사용한다.

**6** **페어링 나이프, 과도(COUTEAU D'OFFICE)** : 날의 끝이 뾰족한 작은 칼로 재료를 작게 자를 때 사용한다.

**7** **주방용 다목적 식도(COUTEAU ÉMINCEUR)** : 채소 및 일부 고기류를 자를 때 사용한다.

**8** **주방용 탐침 온도계(THERMOMÈTRE SONDE)** : 모든 종류의 음식물(반죽, 혼합물 등)의 온도를 측정하고 조절하는 데 사용된다.

**9** **체망(PASSOIRE)** : 소스 및 기타 액체를 거를 때 사용한다.

**10** **스텐 체(TAMIS EN INOX)** : 가루를 놓고 흔들거나 분쇄한 재료 혼합물 등을 곱게 긁어내려 불순물은 걸러내고 덩어리로 뭉친 것을 풀어줄 때 사용한다.

**11** **플라스틱 스크래퍼(CORNE EN PLASTIQUE SOUPLE)** : 용기의 바닥이나 내벽에 붙은 재료를 긁어낼 때 사용한다(특히 체에 내린 음식물을 긁어낼 때 유용하다).

**12** **논스틱 프라이팬(POÊLE ANTIADHÉSIVE)** : 음식물을 노릇하게 지져 익힐 때 사용한다.

**13** **거름망 국자, 스파이더 망 국자(ARAIGNÉE)** : 기름이나 육수 국물의 건더기 재료를 건져내는 데 사용한다.

**14** **코코트 냄비(COCOTTE)** : 열전도율이 탁월한 무쇠 소재를 선택하면 음식을 고르게 익힐 수 있다.

**15** **논스틱 오븐 팬(PLAQUE DE CUISSON ANTIADHÉSIVE)** : 오븐 안에서 음식을 고르게 익힐 수 있다.

**16** **오븐용 그릴 망(GRILLE)** : 스테인리스 제품을 선택하는 것이 좋다. 특히 음식을 조리한 뒤 얹어 두면 덩어리로 뭉치지 않고 빨리 식힐 수 있다.

**17** **만돌린 슬라이서(MANDOLINE)** : 재료를 일정한 크기나 두께로 자를 때 사용한다. 다양한 종류의 커팅 날을 용도에 맞게 끼워 사용할 수 있다.

**18** **트러플 슬라이서(MANDOLINE À TRUFFES)** : 송로버섯(트러플)을 일정한 두께로 얇게 슬라이스 하는 데 사용된다.

**19** **거품기(FOUET)** : 스테인리스 소재로 된 것이 더 튼튼하고 세척도 용이하다.

**20** **논스틱 소스팬(CASSEROLES ANTIADHÉSIVES)** : 재료를 노릇하게 익히는 데 주로 사용되며 용도에 따라 알맞은 크기를 선택한다.

**21** **끼얹음용 일자 국자(CUILLÈRE À ARROSER )** : 스테인리스 제품을 선택하는 것이 좋다.

**22** **거품 국자(ÉCUMOIRE)** : 재료를 국자에 넣고 뜨거운 국물이나 차가운 액체에 그대로 담갔다 건질 때 유용하다. 또한 이름 그대로 음식물의 표면에 뜨는 거품이나 불순물을 건질 때도 사용한다.

**23** **국자(LOUCHE)** : 소스나 수프 등을 떠서 서빙할 때 또는 액체 재료를 다른 그릇으로 옮겨 담을 때 사용한다.

**24** **후추 그라인더(MOULIN À POIVRE)** : 통후추 알갱이를 넣고 갈아 가루로 분쇄하는 도구이다.

**25** **소금통, 소금 그라인더(SALIÈRE)** : 소금 알갱이를 넣고 갈아 가루로 분쇄하는 도구.

**26** **수동 채소 그라인더(PRESSE-PURÉE MANUEL)** : 채소를 넣고 레버를 돌려 갈아 퓌레로 만들 때 사용하는 도구로 용도에 따라 간격의 크기가 다양한 절삭망을 장착할 수 있다.

**27** **파티스리용 밀대(ROULEAU À PÂTISSERIE)** : 반죽을 너무 무겁게 누르지 않도록 가벼운 소재로 만든 것, 모양이 일직선으로 곧은 것이 좋다.

**28** **가시 제거용 핀셋(PINCE À DÉSARÊTER)** : 생선의 가시를 뽑는 데 사용한다.

**29** **멜론 볼러(CUILLÈRE À POMMES PARISIENNES)** : 채소나 과일을 다양한 크기의 작은 방울, 구슬 모양으로 도려내는 도구이다.

**30** **주방용 붓(PINCEAU) :** 일반적으로 틀에 버터를 바르거나 반죽 표면에 달걀물을 바를 때 많이 사용한다.

**31** **버섯용 솔(BROSSE À CHAMPIGNONS) :** 버섯의 흙이나 불순물을 털어낼 때 사용하는 솔로, 버섯에 상처가 나지 않도록 털이 부드러운 것이 좋다.

**32** **쿠키 커터(EMPORTE-PIÈCES) :** 다양한 모양(둘레가 매끈한 형태, 톱니 모양 등)이 존재하며 반죽을 매끈하고 정확하게 자를 수 있다.

**33** **사각 프레임 틀(CADRE) :** 반죽 시트를 정사각형, 또는 직사각형으로 만들 수 있다.

**34** **도마(PLANCHE À DÉCOUPER) :** 사용하기 전과 후, 반드시 깨끗하게 씻어 위생적으로 관리해야 한다. 용도에 따라 색을 달리 정해서 사용하면 더욱 편리하고 위생적으로 사용할 수 있다(채소용은 녹색, 고기용은 빨강색, 생선용은 파랑색 등).

**35** **믹싱 볼(CUL-DE-POULE) :** 음식물을 혼합하는 데 쓰이는 다양한 크기의 볼로, 스테인리스 재질을 선택하는 것이 좋다.

**36** **논스틱 소스팬(SAUTOIR ANTIADHÉSIF) :** 소스팬보다 넓고 운두가 낮은 팬으로, 음식을 볶는 데 주로 사용된다.

**37** **토치(CHALUMEAU) :** 음식물을 플랑베 하거나 표면을 그라탱처럼 그슬려 익히는 데 사용한다.

**38** **원뿔체(CHINOIS) :** 음식물을 거르는 체의 일종으로 필요 없는 불순물을 제거하는 데 유용하다.

**39** **주방용 바늘(AIGUILLE À BRIDER) :** 주방용 실을 꿰어 주로 로스트용 닭 등의 가금류를 묶어 고정시키는 데 사용한다.

**40** **깔때기(ENTONNOIR) :** 주로 액체, 가루, 반죽 혼합물을 입구가 작은 용기에 옮겨 부을 때 사용하는 도구이다.

**41** **다목적 집게(PINCE AMÉRICAINE) :** 음식물을 집어 옮길 때 유용하게 사용한다.

# 개요

### 요리에서 무엇보다 중요한 것은 테크닉 숙련

요리는 실무 능력이 우선이며 이를 공유하고 계승하는 것 또한 매우 중요하다. 필립 위라카 (Philippe Urraca)가 집필한 이 시리즈의 파티스리 책과 같은 맥락으로, 나는 이 책에서 다양한 주요 레시피를 통해 여러 세대에 걸쳐 이어져 내려온 요리의 기본 테크닉을 소개하고자 했다.

이 책에서 독자들은 포토푀, 뵈프 부르기뇽, 부야베스, 파테 앙 크루트 등의 프랑스 클래식 요리 레시피를 학습하며 익힐 수 있을 것이다. 또한 전통 기본 요리들 외에도 엘리제궁의 대표 요리 몇 가지를 첨가했으며 특별히 위대한 셰프 폴 보퀴즈에 대한 경의의 표시로 1975년부터 서빙되고 있는 그의 VGE 수프(일명 엘리제 수프)를 소개했다. 모든 레시피들은 각 단계별로 사진과 함께 설명되어 있어 더욱 구체적이고 명확한 이해를 도와줄 것이다. 조리 과정마다 꼼꼼하게 소개한 셰프의 팁과 조언은 더욱 완성도 높은 요리를 위한 기술을 익히는 데 유용하게 쓰일 것이라 기대한다.

책의 마지막 부분에는 채소 썰기, 각종 육수 만들기 등 요리사가 지녀야 할 실력의 핵심이 되는 '기본 테크닉' 챕터를 넣었다. 요리는 결국 이러한 기본 기술의 실행 과정이기 때문에 기본 테크닉을 숙련해두면 이 책에 소개된 78가지의 레시피를 어려움 없이 만들어갈 수 있을 것이다. 요리를 하려면 우선적으로 기술을 익히는 것이 중요하며 이 숙달 과정을 거쳐야만 비로소 여러분 각자의 개성에 맞는 응용단계에 도달할 수 있음을 기억하자. 내 경우에도 이러한 방식을 통해 이 책의 레시피 몇몇을 나만의 것으로 응용, 발전시켰다.

### 좋은 재료 없이는 요리도 없다

하지만 주의할 점이 있다. 이 책에 제시된 요리 기술들은 오로지 좋은 품질의 제철 식재료를 사용하는 경우에만 그 의미가 있다(책의 끝부분에 각 계절별 식재료 일람표를 첨부해 놓았다). 따라서 식재료를 키우는 사람들이나 업종 전문가들을(정육점 주인, 생선가게 주인, 채소 상인 등) 믿고 그들의 조언에 귀를 기울일 것을 권한다. 이들은 여러분이 좋은 식재료를 고를 수 있도록 안내할 것이다. 좋은 식재료가 없다면 성공적인 요리도 기대할 수 없다.

### 요리 시간과 온도

이 책의 레시피들을 보면 조리 작업시간이 여유 있는 범위로 설정된 것을 발견하게 될 것이다. 요리 숙련도와 사용하는 도구, 장비에 따라 이 시간들은 각기 달라질 수 있다. 제시한 시간은 참고용이다. 너무 얽매일 필요는 없으니 각자 필요한 시간만큼 분배하면 된다.

또한 제시된 조리 온도는 전통적으로 가정에서 사용하는 오븐에 맞춰 제시된 것이다. 만일 '전문가용' 오븐을 사용하는 경우에는 제시된 온도를 적절하게 맞추기를 권한다. 그럼에도 불구하고 오븐마다 차이가 있을 수 있으니 제시된 온도와 조리시간은 참고용으로 사용하기 바란다.

이 책은 섭씨 온도(℃)를 기준으로 한다. 아래 도표에 섭씨 온도와 그에 해당하는 오븐 조절기 단계를 첨부해두었다.

| 오븐 온도와 조절기 단계 표시 | |
| --- | --- |
| 온도 (℃) | 오븐 온도 조절 장치(THERMOSTAT) |
| 30℃ | 1 |
| 60℃ | 2 |
| 90℃ | 3 |
| 120℃ | 4 |
| 150℃ | 5 |
| 180℃ | 6 |
| 210℃ | 7 |
| 240℃ | 8 |

**각 과정별 명확한 설명**

이 책의 레시피는 '스텝 바이 스텝(pas à pas)' 방식으로 조리 과정을 한 단계씩 자세하고 정확하게 설명하고 있다. 사진 또한 미적 측면보다는 조리 과정을 보다 정확하게 보여준다는 점을 우선시하였으며, 때에 따라 확대된 모습을 제시하여 테크닉 동작을 더욱 명확하게 이해할 수 있도록 했다.

대부분의 레시피는 6인분 기준이다. 몇몇 레시피들은 재료의 양을 정확히 명시하지 않은 경우도 있다. 사진에는 기술적 동작을 주로 배치했다. 레시피 설명 중간에 나오는 특정 조리 테크닉은 뒷부분에 실린 '기본 테크닉' 챕터에서 바로 참조할 수 있도록 해당 페이지를 표시해두었다.

각 레시피의 난도는 제시된 작업 시간만으로도 충분히 인지할 수 있으리라는 생각에 따로 표시하지 않았다. 꼼꼼하게 첨부된 수많은 조언과 셰프의 비법, 팁 등을 참고하면 그 어떤 레시피의 완성도 불가능하지 않을 것이다. 휴지시간과 조리시간은 특별히 그래픽으로 표시되어 있다.

다음 세 가지 박스형 그래픽 표시를 참조하기 바란다.

휴지시간

전기레인지 조리시간

오븐 조리시간

**이 책에 추가된 부분**

레시피와 기본 테크닉 외에 '냅킨 접는 법' 파트를 실었다. 몇몇 요리를 더 멋지게 플레이팅하는 데 도움이 될 것이다. 이 책의 마지막 부분에는 주요 채소 썰기 방법, 이 책에서 사용된 전문 조리기술 용어, 제철 식재료 일람표, 조리서적 참고 문헌 등을 실어두었다. 실제 요리를 만드는 데 많은 도움이 되길 바란다.

**맺음말**

요리의 본질은 각자 자신의 취향과 환경에 맞게 응용할 수 있다는 사실을 항상 염두에 두길 바란다. 조리 기술은 늘 고정되어 있는 것이 아니다. 이것은 살아 있으며 요리하는 사람, 기술의 발전 등에 따라 시대마다 늘 변화한다(이런 과정을 통해 우리는 절구에서 블렌더, 칼에서 만돌린 슬라이서라는 변화를 겪어왔다). 레시피에 다른 재료를 더하거나 새로운 시도를 해볼 것도 적극 권장한다. 레시피에 사진이 제공된 것은 독자들이 정확하게 이해하도록 하는 것이 목적이지 항상 똑같은 결과가 나와야 한다는 의도는 아니다. 그러므로 여러 가능성을 상상하고 창조해보길 바란다. 그리고 항상 즐겁게 요리하길 바란다.

# 애피타이저

# 푸아그라

LE FOIE GRAS

## 6인분

휴지 : **1시간**
준비 : **20분**
마리네이드 : **12~24시간**
조리 : **1kg당 50분**

## ▣ 재료

푸아그라 덩어리
(각 500~600g) 2개

**푸아그라 1kg당 양념**
스위트 와인 6g
레드 포트와인 12g
코냑 6g
카트르 에피스(quatre-épices)* 1g
설탕 3.5g
소금 13g
후추 2.5g

\* 카트르 에피스(quatre-épices) : 넛멕, 생강, 정향, 계피를
혼합한 프랑스의 향신료 믹스.

## ● 푸아그라 핏줄 제거하기

1. 푸아그라 한 쌍을 이루고 있는 두 개의 덩어리(lobes)를 분리한다.

▣ **유용한 팁!**

가능하면 진공 포장된 것보다는 종이에 싸서 주는 신선 푸아그라를 구매하는 것이 좋다. 색이 희고 손가락으로 눌러보았을 때 탄력이 있으며 흠집이나 핏자국이 없는 것을 고른다.

2. 핏줄을 좀 더 쉽게 제거하기 위해 푸아그라를 최소 1시간 상온에 둔다.

3. 티스푼 뒷면 또는 날이 둥근 나이프를 사용해 푸아그라의 얇은 막을 떼어낸 뒤 굵은 혈맥과 핏줄을 꼼꼼히 제거한다.

4. 푸아그라를 우묵한 용기에 담고 마리네이드 재료(스위트와인, 포트와인, 코냑, 카트르 에피스, 설탕)를 그 위에 뿌린다.

5. 소금, 후추를 뿌린 뒤 재워둔다.

## 푸아그라 모양 잡기

6. 주방용 랩으로 푸아그라를 덮는다.

7. 냉장고에 최소한 12시간 넣어둔다(24시간 재워두는 것이 가장 좋다). 마리네이드 시간이 지나면 푸아그라를 냉장고에서 꺼내 상온에 둔다.

**유용한 팁!**
기호에 따라 푸아그라에 견과류, 송로버섯, 채소 등을 첨가할 경우 이 단계에서 넣어준다.

8. 주방용 랩으로 푸아그라를 단단하게 감싼 뒤 돌돌 말아 원하는 모양을 잡아준다.

**유용한 팁!**
푸아그라를 단단한 김밥 모양으로 만들기 위해서는 랩으로 여러 번 감싸고 반대 방향으로도 반복해서 말아 준다.

9. 양쪽 끝을 실로 단단히 묶는다.

10. 푸아그라 크기에 알맞은 냄비에 물을 넣고 80℃로 가열한다.

**유용한 팁!**
무쇠 코코트 냄비에 넣고 오븐에서 익혀도 된다.

11. 푸아그라를 물에 담근다. 익히는 시간은 푸아그라 1kg당 50분으로 잡는다.

 **유용한 팁!**

푸아그라의 남은 기름은 따로 보관해 두었다가 요리에 사용할 수 있다. 이 기름에 감자를 볶으면 아주 맛있다.

12. 푸아그라가 익으면 냄비에서 건져 바로 얼음물에 담가 식힌다. 먹기 전 최소 6시간 동안 냉장고에 보관한다. 서빙 시, 푸아그라를 냉장고에서 꺼내 랩을 벗겨낸다. 통째로 플레이트에 담거나 슬라이스하여 작은 접시에 서빙한다.

## 셰프의 조언

■ 최소한이라도 기술을 요하는 음식을 처음 만드는 일은 언제나 좀 겁이 나지만 차근차근 단계별로 따라하면 그리 어렵지 않다. 푸아그라를 직접 만들면 개인적으로도 아주 만족스러울 뿐 아니라 실제로 매우 경제적이다.

■ 푸아그라를 2~3일 숙성시키면 더욱 맛이 좋아진다.

■ 브리오슈 토스트와 처트니를 곁들여 먹는다(▶ p.342 레시피 참조).

# 무화과를 곁들인 푸아그라 로스트

LE FOIE GRAS CHAUD ENTIER RÔTI AUX FIGUES

**6인분**

준비 및 조리(전기레인지) :
  **25~45분**
마리네이드 : **2~6시간**
조리(오븐) : **15~20분**

## ■ 재 료

푸아그라 덩어리 1개
코냑 50ml
무화과 브랜디 50ml
소금
후추
설탕
무화과 12개(가능하면
  무화과나무 잎 4장도 함께
  준비한다)
적양파 작은 것 1개

## ● 푸아그라 마리네이드하기

1. 푸아그라를 용기에 넣고 칼끝으로 열 군데 정도 조심스럽게 찔러준다. 상처를 내거나 자르지 않도록 주의한다.

2. 코냑을 푸아그라에 고루 붓는다.

3. 그 위에 무화과 브랜디를 부어준다.

4. 칼로 찔러둔 틈새로 술이 고루 스며들도록 손으로 마사지하듯 문질러준다.

5. 푸아그라의 질감을 단단하게 만들기 위해 소금, 후추를 넉넉히 넣어 간을 한 다음 설탕을 조금 뿌려준다.

**WHY?**
설탕을 넣으면 쓴맛을 없앨 수 있다.

6. 최소한 2시간, 이상적으로는 6시간 동안 재워 향이 잘 배어들게 한다. 푸아그라에 흡수되지 않고 남은 술은 버리지 말고 따로 보관해둔다.

7. 무화과를 씻은 뒤 뾰족한 끝부분을 깔끔하게 잘라낸다. 6개(가장 단단한 것)는 가니시용으로 따로 남겨둔다.

**◼ 유용한 팁!**

무화과는 기호에 따라 선택하되 잘 익고 과육이 탱탱하며 최고의 신선도를 지닌 것으로 고른다. 누아르 드 카롱(noire de Caromb) 품종이 가장 좋다.

8. 나머지 6개는 세로로 등분한다.

9. 적양파의 껍질과 얇은 막을 벗겨낸 뒤 잘게 썬다(▶ p.402 기본 테크닉, 양파/샬롯 잘게 썰기 참조).

**◼ 유용한 팁!**

항상 뿌리 꼭지 방향으로 자른다.

## ● 익히기

10. 적당한 크기의 코코트 냄비를 달군 뒤 푸아그라 덩어리를 놓고 센 불에서 겉면을 고루 지진다. 푸아그라가 녹지 않도록 재빨리 지져낸다.

**◼ 유용한 팁!**

너무 진한 색이 나도록 지지면 쓴맛이 날 수도 있으니 주의한다.

11. 푸아그라를 건져낸다. 기름이 약간 탄 경우를 제외하고는 냄비의 기름을 제거하지 않는다.

**12.** 같은 코코트 냄비에 잘게 썬 적양파를 넣고 푸아그라 기름에 볶는다. 콩포트처럼 푹 익도록 약 10분 정도 볶아준다.

**13.** 양파가 노릇한 색이 나도록 익으면 잘라 둔 무화과와 푸아그라를 마리네이드하고 남은 술을 넣어준다. 남은 마리네이드 술이 없을 때는 물을 조금 넣어준다.

## ● 무화과나무 잎 준비하기(선택)

**14.** 무화과 잎을 깨끗이 씻어 숨을 죽인 뒤 끓는 물에 살짝 넣었다 빼 잎의 녹색이 선명해지도록 한다. 건져서 바로 찬물에 담근다.

**WHY?**

이렇게 하면 잎이 시들지 않고 싱싱한 녹색을 유지할 수 있다.

**15.** 잎의 줄기 끝을 떼어내고 굵은 잎맥을 다듬어 납작하게 숨을 죽인다. 작업대 위에 두 장의 잎을 잎맥 쪽 면이 위로 오도록 포개어 놓는다.

**16.** 그 위에 푸아그라를 놓는다.

**17.** 윗면의 잎을 접어 감싼다.

**18.** 이어서 아래쪽 두 번째 잎으로 완전히 감싸준다.

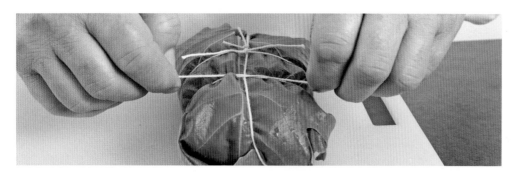

19. 푸아그라가 밖으로 나오지 않도록 주방용 실로 꼼꼼히 묶어준다.

**WHY?**
무화과 잎은 이 요리에 맛을 더할 뿐 아니라 아름다운 녹색으로 시각적 효과를 더해준다.

## ● 푸아그라 익히기

20. 냄비 안 양파 콩포트 위에 무화과 잎으로 싼 푸아그라를 얹는다.

21. 냄비에 통 무화과를 넣고 뚜껑을 덮은 뒤 200℃로 예열한 오븐에서 약 15분간 익힌다.

**주의할 점!**
푸아그라를 익히는 온도와 시간을 잘 준수하는 것이 중요하다. 푸아그라가 녹을 수 있기 때문이다.

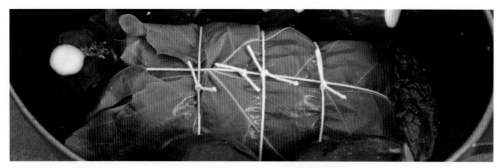

22. 푸아그라를 꺼내서 서빙 접시에 놓고 익으면서 통통해진 무화과를 빙 둘러 놓는다. 양파 콩포트도 곁들인다.

**유용한 팁!**
푸아그라는 도톰하게 슬라이스하거나 큼직하게 썰어 씹는 맛을 살린다. 원형 접시에 담아 서빙한다.

# 셰프의 조언

■ 전통적으로 따뜻하게 서빙하는 푸아그라는 크러스트를 입히거나 파테 형태로 익힌 것으로 이 경우 녹은 기름이 껍데기 반죽에 흡수되었다. 또한 핏줄을 미리 제거한 푸아그라를 돼지 크레핀이나 얇은 비계로 감싼 뒤 조리했다. 이 레시피에서는 푸아그라를 약간 핑크빛이 돌 정도로만 익혀 좀 더 단단한 식감과 더욱 진한 맛을 살린 색다른 방법을 제시해 보았다. 옛날에는 푸아그라를 완전히 익혀서만 먹었다. 또한 더운 요리로 먹을 때는 거위 간 푸아그라를 사용했으며, 오리 간 푸아그라는 주로 테린용으로 쓰였다.

■ 이 요리를 메인으로 서빙할 경우에는 4인분 기준 한 덩어리를 준비하면 적당하다.

■ 이 레시피는 계절에 따라 또는 소비자의 기호에 맞게 응용할 수 있다. 여름에는 체리나 살구를 사용하면 아주 좋다. 연말 파티나 겨울철에는 밤, 버섯 또는 트러플(송로버섯)을 활용해보자.

# 파테 앙 크루트

LE PÂTÉ EN CROÛTE

## 6인분용 파테 1개 분량

준비 및 조리(전기레인지) :
 40~50분
휴지 : 2시간(반죽) + 6시간
마리네이드 : 12시간
조리(오븐) : 1시간 15분

### 도구
파테용 틀
탐침 온도계
전동 스탠드 믹서(플랫비터)
깔때기

## ■ 재료

### 파테 반죽
밀가루 250g
옥수수 전분(Maïzena) 175g
화이트와인 식초 7.5g
따뜻한 물 75g
포마드 상태의 버터 225g
설탕 2.5g
달걀 40g(큰 것 1개 분량)
소금 10g

### 파테 소 재료
저온 조리한 푸아그라(foie gras
 mi-cuit) 150g
 (굵게 깍둑 썬다)

송아지 흉선 100g
밀가루
식용유
버터
헤이즐넛 25g
버섯(뿔나팔버섯, 양송이, 지롤
 또는 포치니 버섯) 50g
소금
후추
가금육 또는 수렵육(닭 또는 꿩
 가슴살) 500g
돼지 목구멍 비곗살 250g
돼지 생 삼겹살 250g
아르마냑 20g

고운 소금 20g
후추 2g
설탕 2g
즐레(gelée)

### 달걀물
달걀 1개

## ● 파테 반죽 만들기

1. 체에 친 밀가루를 유리볼에 넣고 가운데에 우묵한 공간을 만든다. 여기에 옥수수 전분을 넣고 거품기로 잘 섞는다.

2. 플랫비터를 장착한 전동 스탠드 믹서 볼에 물 분량의 반, 식초를 넣고 섞는다. 여기에 포마드 상태의 버터와 설탕을 넣고 플랫비터를 돌려 섞어준다

**■ WHY?**
식초는 반죽에 산미를 더해주며 반죽이 균일하게 익는 것을 돕는다. 설탕을 조금 넣으면 반죽을 구웠을 때 연한 황금색을 낼 수 있다.

3. 달걀, 이어서 소금을 넣고 섞어준다.

4. 밀가루와 옥수수 전분을 섞은 가루 혼합물을 두 번에 나누어 넣으며 균일하게 혼합될 때까지 반죽한다. 필요한 경우 물을 조금 첨가한다.

**■ WHY?**
가루 재료를 두 번에 나누어 넣으면 덩어리로 뭉치는 것을 막을 수 있다.

5. 달라붙지 않도록 손에 밀가루를 묻힌 뒤 반죽을 균일하게 둥근 모양으로 뭉친다.

6. 랩으로 감싼다.

7. 냉장고에 넣어 최소 2시간 동안 휴지시킨다 (이 반죽은 하루 전 미리 만들어 놓아도 좋다).

## ● 흉선 준비하기, 소 재료 만들기

8. 송아지 흉선을 씻어 끓는 물에 데친 뒤 건져서 무거운 것으로 살짝 눌러둔다(▶ p.237 레시피 참조).

9. 살짝 눌린 송아지 흉선을 사방 2.5cm 크기로 굵직하게 깍둑 썬다.

10. 밀가루를 뿌리고 소금으로 밑간한다.

11. 팬에 약간의 기름과 버터를 달군 뒤 송아지 흉선을 넣고 노릇하게 지진다.

12. 굵직하게 부순 헤이즐넛을 기름이 없는 팬에 넣고 살짝 노릇해지도록 볶는다.

### ■ 유용한 팁!
헤이즐넛을 베이킹 팬에 펼쳐 놓고 180℃ 오븐에서 8분간 로스팅해도 된다. 고루 구워지도록 4분이 지난 뒤 헤이즐넛을 한 번 뒤집어준다.

13. 버섯을 굵직하게 다진다.

14. 샬롯을 잘게 썬 다음, 약간의 기름과 버터를 달군 팬에 넣고 투명해지도록 볶는다.

15. 여기에 잘게 썬 버섯을 넣고 4~5분간 함께 볶는다.

16. 고기(가금육, 돼지 목구멍 비곗살, 삼겹살)를 적당한 크기로 썬 다음 굵은 절삭망을 장착한 분쇄기에 넣어 간다.

17. 분쇄한 고기를 유리볼에 넣고 아르마냑을 넣어 섞는다. 이어서 샬롯, 볶은 버섯, 헤이즐넛을 넣어준다.

18. 소금, 후추, 설탕을 넣어 간한다.

## ● 푸아그라 준비하기

19. 푸아그라의 핏줄을 더 쉽게 제거할 수 있도록 냉장고에서 미리 꺼내 상온으로 만든다. 핏줄을 제거한 푸아그라를 깍둑 썬다.

### 유용한 팁!

가능하면 진공 포장된 것보다는 종이에 싸서 주는 신선 푸아그라를 구매하는 것이 좋다. 색이 희고 손가락으로 눌러보았을 때 탄력이 있으며 흠집이나 핏자국이 없는 것을 고른다.

## 파테 반죽 밀기, 재단하기

**20.** 반죽을 3mm 두께로 민다.

**21.** 사방 30cm 크기의 정사각형 1장, 33cm x 10cm 직사각형 1장, 13cm x 10cm 크기의 직사각형 2장으로 총 4장을 재단한다.

**22.** 4장의 반죽 사이에 각각 유산지를 넣어 분리한 뒤 냉장고에 30분 정도 넣어 둔다(반죽을 휴지시키는 것이 중요하긴 하지만 파테를 만들기 12시간 이전에 만들어두면 안 된다).

## 파테 조립하기

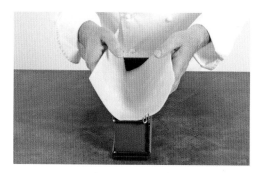

**23.** 폭 7cm, 길이 30cm, 높이 8cm 크기의 파테 틀에 기름을 얇게 바른 뒤 가장 큰 파테 반죽 시트를 깔아준다.

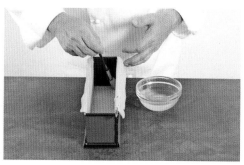

**24.** 첫 번째 반죽 시트 양쪽 끝에 붓으로 물을 살짝 발라 적신다.

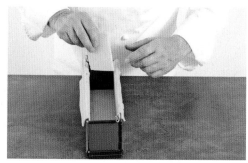

**25.** 그 위에 두 장의 작은 직사각형 반죽을 대준다.

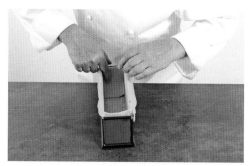

**26.** 접합 부위를 잘 눌러 붙인다.

**27.** 소 혼합물을 채워 넣는다. 공기가 빠지도록 조심스럽게 눌러가며 채운다. 반죽이 찢어지지 않도록 주의한다.

**28.** 소를 채우며 켜마다 송아지 흉선과 푸아그라를 고루 넣어준다.

**29.** 33cm x 10cm 크기의 직사각형 반죽을 덮어준 뒤 물을 묻혀 가장자리 이음새를 잘 눌러 붙인다.

**30.** 둘레에 남는 부분은 칼로 깔끔하게 잘라 낸다.

**31.** 손가락으로 집어 빙 둘러 무늬를 내준다.

**32.** 남은 반죽을 뭉친 뒤 얇게 밀어 원하는 모양으로 잘라 장식한다.

**33.** 붓으로 달걀물을 바른다.

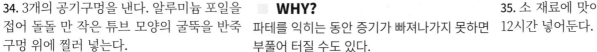

**34.** 3개의 공기구멍을 낸다. 알루미늄 포일을 접어 돌돌 만 작은 튜브 모양의 굴뚝을 반죽 구멍 위에 찔러 넣는다.

**WHY?**

파테를 익히는 동안 증기가 빠져나가지 못하면 부풀어 터질 수도 있다.

**35.** 소 재료에 맛이 잘 배어들도록 냉장고에 12시간 넣어둔다.

## ● 파테 익히기

**36.** 200℃로 예열한 오븐의 온도를 170℃로 낮춘 다음 파테를 넣고 10분간 익힌다. 완성된 파테의 최종 심부 온도는 67℃가 되어야 한다.

**37.** 탐침 온도계로 측정하여 심부 온도가 61℃에 달하면 파테를 오븐에서 꺼낸다. 온도가 67℃로 상승할 때까지 휴지시킨다.

**38.** 공기구멍에 꽂아 두었던 알루미늄 포일 굴뚝을 뽑아낸 다음 그곳에 깔때기를 대고 즐레(▶ p.61 레시피, 과정 15~17 참조)를 아주 조금씩 부어 넣으며 식힌다.

**39.** 냉장고에 최소 6시간 보관한 뒤 잘라 서빙한다.

 **셰프의 조언**

■ 파테 앙 크루트에는 처트니(▶ p.342 레시피 참조) 또는 식초에 절인 채소 피클을 곁들여 서빙하면 좋다.

■ 기호에 따라 다른 종류의 고기를 사용해도 좋다. 파테 위의 장식도 개성을 살려 변화를 주어보자.

# 키슈 로렌

LA QUICHE LORRAINE

**6인분**

준비 및 조리(전기레인지) :
  **1시간**
조리(오븐) : **35분**

**도구**
키슈용 링(높이 약 3cm)
또는 타르트 링(지름 약
  20cm)

## 재료

훈제 삼겹살(베이컨 덩어리)
  150g
햄 50g(두툼한 슬라이스 한 장)
식용유
버터
달걀 2개
달걀노른자 2개
우유(전유) 250g
액상 생크림 250g
소금

후추
넛맥
가늘게 간 그뤼예르(gruyère)
  치즈 120g

**파트 브리제**
밀가루 250g + 40g
소금 5g
달걀노른자 1개
무염버터 125g

물 50g

## 파트 브리제 만들기

1. 작업대 위에 체에 친 밀가루와 소금을 붓고 잘 섞는다.

**유용한 팁!**
반죽은 전동 스탠드 믹서 볼에 넣고 만들어도 좋다.

2. 중앙에 우물처럼 우묵한 공간을 만든다.

3. 달걀노른자를 중앙에 붓는다.

4. 상온에 두어 포마드처럼 부드러워진 버터를 넣어준다.

5. 고루 섞으며 물을 조금 첨가한다.

6. 모든 재료가 균일하게 섞여 뭉치도록 반죽한다.

7. 손바닥 아래쪽으로 반죽을 바닥에 누르듯한 두 번씩 밀어준다(fraiser). 반죽을 너무 오래 치대면 안 된다.

■ **WHY?**

너무 오래 반죽하면 탄성이 과도하게 생길 수 있다.

8. 반죽을 둥글게 뭉쳐 랩으로 싼 뒤 냉장고에 넣어둔다.

■ **유용한 팁!**

가능하면 반죽은 미리 준비해두는 것이 좋다. 반죽을 차갑게 휴지시키면 밀대로 밀기 더 좋을 뿐 아니라 쫄깃한 탄성 또한 조금 줄어드는 효과가 있다.

## ● 필링 재료 만들기

9. 베이컨을 일정한 크기의 라르동(lardons) 모양으로 썬다.

10. 햄을 주사위 모양으로 썬다.

11. 기름을 조금 두른 팬에 베이컨과 햄을 넣고 센 불에서 볶아 수분을 제거한다.

12. 체에 걸러 기름을 제거한다.

13. 상하지 않도록 냉장고에 보관한다.

## 키슈 크러스트 틀에 깔기

14. 반죽이 작업대에 달라붙지 않도록 밀가루를 고루 뿌린 뒤 3mm 두께로 민다.

15. 반죽을 밀대에 말아 찢어지지 않게 한다.

16. 키슈용 링(높이 3cm) 안쪽에 버터를 바른다. 작은 크기의 링을 여러 개 사용해도 된다.

17. 유산지를 깐 오븐팬 위에 링을 놓고 밀대에 만 반죽 시트를 올린 뒤 조심스럽게 펴 깔아준다.

18. 링과 바닥이 만나는 모서리 각도에 맞추어 반죽을 꼼꼼히 앉힌 뒤 가장자리를 잘 붙인다.

19. 링 위로 밀대를 굴려 남는 가장자리 반죽을 잘라낸다.

20. 둘레를 손끝으로 집어 빙 둘러 무늬를 내고, 포크로 바닥을 고루 찔러둔다.

**유용한 팁!**
여기까지의 작업은 미리, 심지어 하루 전에 만들어 두는 것이 가능하다.

21. 이 상태로 키슈 시트를 오븐에 넣어 색이 나지 않게 굽는다.

## ● 키슈 만들기

22. 유리볼에 크림 혼합물(migaine)을 만든다. 우선 달걀 2개와 달걀노른자 2개를 넣고 거품기로 세게 저어 풀어준다.

23. 우유와 생크림을 넣으며 계속 저어 섞는다.

24. 후추와 강판에 간 넛멕가루를 넣어준다.

25. 혼합물을 균일하게 섞은 뒤 응어리 없이 매끈해지도록 체에 거른다.

26. 미리 구워둔 키슈 시트가 식으면 볶은 햄과 베이컨을 고루 펼쳐 놓는다.

27. 그 위에 가늘게 간 그뤼에르 치즈를 얹는다.

28. 크림 혼합물을 덮어준다.

29. 200℃로 예열한 오븐에서 25~30분간 굽는다.

**주의할 점!**
키슈 내용물이 절대로 끓어오르면 안 된다. 입자가 뭉치고 맛도 떨어지게 된다.

## 셰프의 조언

■ 기호에 따라 필링 재료를 다양하게 바꾸어 사용해도 좋으며 크림 혼합물에 사프란, 커리, 생강 등의 향신료를 넣어 색다른 변화를 줄 수 있다.

■ 키슈는 전통적으로 따뜻하게 먹지만 피크닉, 칵테일 파티용 핑거푸드의 경우 차갑게 먹어도 맛있다.

# 콩테 치즈 수플레

LE SOUFFLÉ CHAUD AU COMTÉ

**6~8인분**

준비 및 조리(전기레인지) :
 **30분**
조리(오븐) : **수플레 크기에 따라
15~30분**

**도구(선택)**
전동 스탠드 믹서(플랫비터)

**■ 재료**

버터 150g
우유(전유) 1리터
밀가루 150g
달걀노른자 18개분
달걀흰자 8개분
콩테(comté) 치즈 300g
넛멕
소금
후추

## ● 수플레 혼합물 만들기

1. 소스팬에 버터와 우유를 넣고 녹인다.

2. 혼합물이 녹으면 끓기 전에 체에 친 밀가루를 넣는다.

3. 응어리가 생기지 않도록 거품기로 저으며 몇 분간 익힌다.

4. 소금, 후추로 간한다.

5. 넛멕(육두구)을 그레이터에 갈아 조금 뿌린다.

6. 베샤멜 농도가 되도록 거품기로 잘 저으며 익힌다.

7. 불에서 내린 뒤, 미리 가늘게 갈아둔 콩테 치즈를 넣는다.

### 유용한 팁!

이 레시피에서는 너무 오래 숙성한 콩테 치즈를 사용하지 않는다. 혼합물에 녹아들기 어렵고 짠맛이 너무 강할 수 있기 때문이다.

8. 잘 섞은 뒤 유리볼에 덜어낸다.

9. 이 뜨거운 베샤멜에 달걀노른자 18개를 넣고 잘 섞는다.

10. 달걀흰자 8개분을 휘저어 거품을 올린다.

### 유용한 팁!

손 거품기 또는 전동 스탠드 믹서를 사용하여 거품을 올린다. 전동 믹서 거품기를 사용할 경우, 소금 한 자밤과 레몬즙 한 방울을 넣으면 흰자의 거품을 더 쉽게 올릴 수 있다.

11. 너무 단단하게 거품을 올리면 혼합물과 섞기 어려울 뿐 아니라 알갱이가 생길 수 있으니 주의한다.

12. 거품 낸 달걀흰자를 유리볼에 넣고 내용물과 조심스럽게 섞는다.

13. 수플레 용기나 틀 안쪽에 버터를 넉넉히 발라준다.

## 익히기

14. 혼합물을 용기에 조심스럽게 붓는다. 가장자리에 내용물이 묻으면 익히는 동안 잘 부풀어 오르지 않을 수 있으니 주의한다.

15. 220℃로 예열한 오븐에서 30분간 수플레를 익힌다.

**■ 유용한 팁!**
개인용 작은 수플레 용기의 경우 15~20분, 큰 용기는 30분 정도 익힌다.

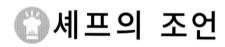

# 🧑‍🍳 셰프의 조언

■ 수플레는 오븐에서 꺼내는 즉시 서빙한다. 우리가 수플레를 기다리는 것이지 수플레는 우리를 기다리지 않는다.

# 곤돌라 모양 냅킨에 서빙하는 아스파라거스

LES ASPERGES SUR GONDOLE

**6인분**

준비 : **15분**
조리(오븐) : **10~20분**

**도구(선택)**
헝겊 냅킨
망국자 건지개

**■ 재료**

아스파라거스 6인분
굵은 소금

## ● 아스파라거스 준비하기

1. 준비한 아스파라거스를 익히기 전에 작은 칼로 다듬는다. 우선 윗동 아래쪽의 껍질 눈을 칼로 얇게 떼어낸다.

2. 그린 아스파라거스나 자색 아스파라거스의 경우 필러로 중간 아랫부분을 얇게 밀어 껍질을 벗긴다. 섬유질이 더 많고 껍질이 두꺼운 화이트 아스파라거스는 더 위쪽부터 필러로 껍질을 조심스럽게 벗겨내 먹을 때 억센 부분이 남지 않도록 한다.

**■ 유용한 팁!**
아스파라거스는 항상 머리 쪽에서 줄기 아래쪽 방향으로 껍질을 벗겨낸다.

3. 줄기 아랫부분은 손으로 부러트려 잘라낸다.

**WHY?**
단단한 줄기 밑동은 제거해 연한 부분만 먹기 위해서이다.

4. 아스파라거스를 나란히 놓고 꺾은 아랫부분을 일렬로 맞춰 잘라준다.

**WHY?**

익히기 전 전부 같은 길이로 맞추기 위해서이다.

5. 머리 쪽에 흙이 남아 있지 않도록 깨끗이 씻은 뒤 1인분씩 나누어 실로 묶는다.

## ● 익히기

6. 큰 냄비에 물과 소금을 넣고 끓기 시작하면 묶어둔 아스파라거스를 넣는다.

**유용한 팁!**

아스파라거스 사이즈에 따라 익히는 시간이 달라진다(10분~20분). 머리 부분은 쉽게 물러질 수 있으니 너무 오래 삶지 않도록 주의한다.

7. 익힌 아스파라거스를 망국자로 건져낸다. 곤돌라 모양으로 접은 냅킨을 서빙 접시에 깔고 그 위에 아스파라거스를 놓는다(▶ p.444 냅킨 접기 테크닉 참조).

 **셰프의 조언**

■ 아스파라거스의 품종은 화이트, 그린, 자색 등이 있으며 비올레트라고 불리는 자색 아스파라거스는 익히면 녹색을 띤다. 아스파라거스는 크기 또한 다양하다. 이 레시피에서는 크기에 따라 일인당 4~8개 정도 준비한다.

■ 아스파라거스에는 주로 비네그레트, 홀랜다이즈 소스(▶ p.349 레시피 참조) 또는 오렌지 뵈르 블랑 소스 등을 곁들인다. 그 외에도 대부분의 소스는 아스파라거스와 잘 어울린다.

# 딜 마리네이드 연어

LE SAUMON MARINÉ À L'ANETH

**6인분**

준비 : **10~15분**
마리네이드 : **12시간 + 12시간**

**도구**
가시제거용 핀셋

■ **재 료**

연어 필레 1장

**염장 재료**
고운 소금 1kg
설탕 250g
굵게 부순 통후추 50g

**마리네이드**
딜 2단
올리브오일

## ● 연어 손질 및 염장하기

1. 소금과 설탕을 섞어 염장 재료를 만든다.

2. 굵직하게 부순 후추(mignonnette)를 넣고 섞는다.

3. 생선용 핀셋으로 연어 필레의 가시를 뽑아 제거한다(▶ p.414 기본 테크닉, 생선 필레 가시 제거하기 참조).

# 중요한 포인트

▶ 연어 필레는 반드시 깨끗하게 닦고 가시를 제거한다. 이 과정에서 생선살이 손상되지 않도록 주의해야 한다. 이 작업은 생선을 구입할 때 부탁해도 좋다.

▶ 약 3~4kg짜리 연어에서 뜬 필레를 사용하는 것이 적당하다. 비교적 덜 기름지고 맛이 좋으며 싱싱한 것을 고른다.

4. 냉장보관용 용기에 염장 혼합물을 얇게 한 켜 깔아준다.

5. 그 위에 연어 필레를 껍질 쪽이 아래로 가도록 놓는다.

**WHY?**

껍질이 보호막 역할을 하여 연어 살이 너무 마르는 것을 막아주는 효과가 있다.

6. 연어 필레 위에 염장 혼합물을 고루 덮어준다. 랩을 씌워 냉장고에 12시간 동안 넣어둔다.

7. 12시간 동안 냉장고에서 절인 연어를 꺼내 스푼으로 염장 혼합물을 걷어낸다.

8. 생선살에 붙어 있는 소금을 모두 꼼꼼히 걷어낸 뒤 깨끗한 물로 충분히 헹군다. 물기를 완전히 제거한다.

## ● 연어 딜에 재우기

9. 딜의 잎 부분만 대충 떼어낸 뒤 잘게 썬다(▶ p.400 기본 테크닉, 허브 잘게 썰기 참조).

10. 올리브오일을 넉넉히 한 줄기 둘러준 다음 잘 섞는다.

11. 연어 필레의 살 쪽 면에 딜을 덮어준다.

12. 작업대에 주방용 랩을 넓게 당겨 편 다음 연어를 놓는다.

13. 랩으로 연어를 완전히 감싸준다.

14. 냉장고에 최소 12시간 동안 보관한다.

## ● 자르기, 플레이팅

15. 연어 살과 껍질을 분리한다.

16. 연어 필레를 썰어 접시에 담는다.

### ▮ 유용한 팁!
좀 더 좋은 식감을 살리기 위해 연어 필레는 길이와 수직 방향으로 써는 것이 좋다. 단, 너무 얇게 썰지 않는다.

##  셰프의 조언

■ 생선에 맛과 향이 충분히 스며들게 하려면 마리네이드 시간을 잘 지키는 것이 중요하다(최소 12시간). 재우는 시간이 부족한 것보다는 초과하는 편이 더 낫다.

■ 딜 대신 시트러스 과일 껍질 말린 것, 향신료 씨, 혹은 커피 등을 사용해 다양한 향의 변주를 주어도 좋다.

# 파리식 랍스터 요리

LE HOMARD À LA PARISIENNE

## 6인분

준비(익힌 국물을 맑게
　정화하는 작업 포함) :
　**1시간 30분~2시간**
조리(전기레인지) : **12분**

### 도구
주방용 실
넓적한 큰 칼(couteau batte)

## ■ 재 료

랍스터 암컷(각 700~800g짜리)
　3마리
소금
그라인더로 간 후추

### 신선 채소 마세두안
당근 300g
순무 200g
셀러리악 200g(약 1/4개)
그린빈스 또는 완두콩(계절에
　따라 선택) 100g
이탈리안 파슬리

고수

### 마요네즈
달걀노른자 30g(달걀 1개분)
매운맛이 강한 머스터드 10g
식용유
레몬즙 1개분

### 나주(Nage)
당근 500g
양파 300g
샬롯 200g

물 2리터
드라이 화이트와인 1리터
생선 육수 1리터
화이트와인 식초 300g
부케가르니 1개
굵은소금 45g
통후추

### 즐레(Gelée)
랍스터 익힌 국물
　(맑게 정화한 것) 500ml
판 젤라틴 30g(15장)

## ● 재 료 준 비 하 기

1. 랍스터를 솔로 문질러 깨끗이 씻은 뒤 머리
와 꼬리 쪽을 엇갈리게 묶어 익히는 동안 꼬
리가 곧게 유지되도록 한다.

2. 마세두안용 채소의 껍질을 벗기고 미르푸
아(mirepoix)로 깍둑 썬다(봄철에는 신선
완두콩의 깍지를 까서 사용한다. 그 외 계절
에는 그린빈스를 사용한다).

### ■ 주의할 점!
당근과 셀러리악 껍질은 나주에 넣어준다. 다른
재료의 껍질은 사용하지 않는다.

3. 파슬리와 고수를 잘게 썬다. 이 허브들은
채소를 익힌 다음 넣어준다(▶ p.400 기본 테
크닉, 허브 잘게 썰기 참조).

4. 나주용 당근과 양파, 샬롯의 껍질을 벗긴
뒤 큼직하게 썬다.

5. 마요네즈를 만든다(▶ p.346 레시피 참조).

## 나주(NAGE) 만들기

6. 큰 냄비나 무쇠 코코트 냄비에 물 2리터와 큼직하게 썬 채소를 모두 넣는다.

7. 화이트와인, 생선 육수(▶ p.432 기본 테크닉, 생선 육수 만들기 참조), 화이트와인 식초를 넣어준다.

8. 부케가르니를 넣는다(▶ p.401 기본 테크닉, 부케가르니 만들기 참조).

9. 간을 하고 끓을 때까지 가열한다.

10. 거품을 건지며 너무 많이 증발하지 않도록 약불로 30분 정도 끓인다. 체에 걸러 채소 건더기를 건져낸다.

## 랍스터와 채소 익히기

11. 소스팬에 물과 약간의 소금을 넣고 끓인다. 마세두안용 채소를 한 종류씩 따로 삶아 익힌다. 셀러리악, 순무, 당근을 순서대로 먼저 익힌 뒤 물을 새로 끓여 그린빈스(또는 완두콩)를 익힌다. 채소 종류에 따라 약 5~7분 정도 익힌다.

### WHY?

당근을 삶으면 물에 주황색이 배어나오기 때문에 이어서 익힐 재료에 색이 들지 않도록 물을 바꿔주는 것이 좋다.

12. 그린빈스는 익힌 뒤 바로 얼음물에 담가 녹색이 유지되도록 한다. 더 이상 익는 것을 중지시킨 뒤 얼음물에서 건져 면포에 놓고 남은 물기를 뺀다. 너무 차갑게 하지 말고 그 상태로 식힌다.

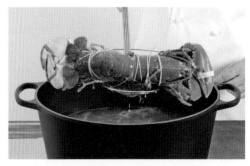

**13.** 나주 국물을 다시 끓인 뒤 랍스터를 넣고 12분간 삶는다.

**■ 유용한 팁!**

이때 불을 줄이지 않는다. 랍스터가 수분을 머금고 있어야 살이 더 부드럽고 촉촉하다.

**14.** 랍스터가 익으면 국물에서 건져내 실을 푼다. 유리볼에 랍스터를 뒤집어 놓고 칼끝으로 머리 부분을 아래쪽 발 사이로 찌른다. 다시 뒤집어 물을 뺀 다음 식힌다.

## ● 즐레(GELÉE) 만들기

**15.** 소고기 콩소메 정화 과정과 마찬가지로 랍스터 익힌 국물 1.5리터를 맑게 정화한다 (▶ p.114 레시피, 과정 8~11 참조). 단 다진 고기 대신 흰살 생선의 살을 사용한다. 이 과정은 약 30~35분 정도 소요된다.

**16.** 맑게 정화한 국물 500ml를 즐레용으로 소스팬에 덜어낸 다음 뜨겁게 가열한다.

**17.** 미리 찬물에 불린 판 젤라틴 15장을 꼭 짜서 넣어준다.

## ● 마세두안(MACÉDOINE) 만들기

**18.** 익혀서 물기를 제거한 마세두안용 채소를 모두 샐러드 볼에 넣고 살살 섞은 뒤 마요네즈를 넣어준다.

**19.** 잘게 썬 허브를 넣고 후추를 갈아 뿌린다.

**■ 유용한 팁!**

마세두안 재료의 맛에 따라 그에 어울리는 허브를 다양하게 바꾸어 사용할 수 있으며 커리 가루, 생강 등의 향신료를 첨가해도 좋다.

## ● 자르기, 플레이팅

20. 랍스터를 플레이팅하기 위해 우선 꼬리와 집게발을 떼어낸다.

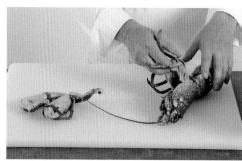

21. 발들을 떼어낸다.

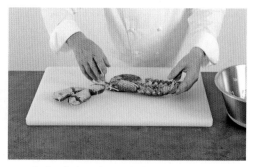

22. 안의 생식소와 크리미한 내장 부분을 꺼낸다.

# 중요한 포인트

▶ 다양한 방법의 플레이팅이 가능하다. 랍스터 꼬리의 모양을 망가트리지 않고 밑쪽으로 살을 꺼낼 수 있으며 이 경우 차가운 랍스터 메다이옹을 이 꼬리 위에 놓을 수 있다. 또한 랍스터를 길게 반으로 가른 뒤 슬라이스한 살을 껍데기 안에 넣어 플레이팅하기도 한다.

▶ 이 레시피에서는 꼬리 껍데기 안에 랍스터 살 메다이옹을 가지런히 올려 플레이팅했다.

23. 가위를 이용해 랍스터의 배쪽을 가른다.

24. 랍스터 꼬리 살을 꺼낸 뒤 빈 껍데기는 따로 보관한다.

25. 랍스터 살을 메다이옹으로 썬다(혹은 굵직한 조각으로 썬다).

26. 집게발을 깨서 얇은 연골을 빼낸 다음 넓적한 칼로 두들겨 껍데기를 열고 속살을 꺼낸다.

27. 랍스터 껍데기 안에 채소 마세두안을 고루 깔아 채운다(또는 옆에 따로 플레이팅해도 좋다).

28. 메다이옹으로 자른 랍스터 살을 망 위에 놓고 즐레를 발라 입힌다.

29. 채소 마세두안을 채운 랍스터 껍데기 위에 즐레 입힌 랍스터 살을 보기 좋게 얹는다.

 # 셰프의 조언

■ 항상 암컷 랍스터를 선택하는 것이 좋다. 크기가 더 균일하며 살도 더 야들야들하다.

■ 수컷 랍스터의 경우 대개 집게발이 매우 크기 때문에 동일한 중량임을 감안했을 때 몸의 살이 더 작다.

# 새콤달콤한 소스를 곁들인 정어리 튀김

LES BEIGNETS DE SARDINES SAUCE AIGRE-DOUCE

**6인분**

준비 : **15~35분**
마리네이드 : **1시간**
반죽 휴지 : **20분 ~1시간**
조리 : **5분**

## ▦ 재료

생 정어리 18마리
바질 잎 몇 장
올리브오일
후추
소금

**튀김 반죽**
밀가루 250g
제빵용 생 이스트 45g
설탕
맥주 250ml

**스위트 앤 사워 소스**
케첩 5테이블스푼
꿀 2테이블스푼
발사믹 식초 3테이블스푼
셰리와인 식초 2테이블스푼
마늘 1/2톨
올리브오일
바질 1단

## ◉ 정어리 필레 준비하기

1. 정어리를 깨끗이 씻은 뒤 필레를 뜬다. 우선 정어리를 반으로 길게 갈라 연 다음 둘로 자른다. 가시를 모두 제거한다. 넓은 용기에 정어리 필레를 껍질 쪽이 아래로 오도록 펼쳐 담는다.

2. 잘게 썬 바질을 얹고 올리브오일을 고루 뿌린다. 후추를 조금 갈아 뿌린다. 냉장고에 넣어 1시간 재운다.

▦ **유용한 팁!**

소금은 절대 뿌리지 않는다. 살이 아주 연한 정어리 필레가 소금에 삭아 식감이 변할 수 있기 때문이다.

## ◉ 튀김 반죽 만들기

3. 유리볼에 밀가루를 넣고 생 이스트를 덩어리 없이 잘게 부수어가며 섞어준다.

4. 설탕을 한 자밤 넣고 맥주를 조금씩 부으며 잘 풀어준다. 거품기로 잘 섞는다.

▦ **유용한 팁!**

설탕을 조금 넣으면 반죽이 더 빨리 노릇한 색을 띠게 된다. 튀김 반죽에 소금은 절대 넣지 않는다. 소금은 이스트의 활동을 파괴하는 성질이 있어 반죽의 발효를 방해한다.

**5.** 상온에서 20분 또는 냉장고에 넣어 1시간 동안 휴지시킨다.

**WHY?**
따뜻한 온도에서 발효는 더 잘 일어난다. 반죽을 상온에 너무 오래 두어서는 안 된다.

## 소스 만들기

**6.** 유리볼에 케첩과 꿀을 넣고 섞는다.

**7.** 발사믹 식초를 넣고 잘 섞은 뒤 셰리와인 식초를 넣는다.

**8.** 마지막으로 곱게 간 마늘 반 톨을 넣어준다.

**9.** 올리브오일을 가늘게 부으면서 거품기로 세게 저어 섞는다.

**10.** 마지막에 잘게 썬 바질을 넣는다.

**유용한 팁!**
이 소스는 하루 전에 만들어 냉장고에 넣어두어도 좋다.

## ● 튀김 완성하기

**11.** 튀기기 바로 전 정어리 필레에 소금 간 을 한다.

**12.** 정어리 필레를 반죽에 담가 튀김옷을 넉 넉히 입힌다.

**13.** 바로 뜨거운 기름에 넣어 튀긴다.

**14.** 건져서 기름을 탁탁 턴 다음 깨끗한 면포 에 놓아 나머지 기름을 뺀다. 튀김용 냅킨을 깐 접시에 바로 담아낸다. 상온의 새콤달콤 한 소스를 곁들인다.

**■ 유용한 팁!**

이 레시피의 튀김 반죽은 생선뿐 아니라 채소 튀김용으로도 사용할 수 있다.

 **셰프의 조언**

■ 칵테일 파티의 안주나 핑거푸드용으로 서빙할 때는 정어리 필레를 한입 크기로 작게 잘라 사용하면 좋다.

# 샴페인 사바용을 얹은 민물가재

LES ÉCREVISSES AU SABAYON DE CHAMPAGNE

**6인분**

준비 및 조리(전기레인지 조리
　포함) : **40분~1시간**

**도구**
카솔레트(양쪽에 손잡이가
　달린 작은 냄비팬)
토치

### 재료

큼직한 사이즈의
　민물가재 36마리
올리브오일
소금
시금치 600g
버터 40g
마늘 1톨
후추

**사바용(Sabayon)**
달걀노른자 180g(6개분)
샴페인 400ml
버터 30g
생크림(crème fraîche) 60g

## 민물가재 준비하기

1. 활 민물가재의 경우 우선 솔로 문질러 씻은 뒤 내장을 제거한다.

2. 내장을 제거한 민물가재의 머리와 꼬리를 분리한다(머리를 한번 비틀면 쉽게 떼어낼 수 있다).

**유용한 팁!**
이 레시피에서는 민물가재 머리는 사용하지 않지만 보관해두었다가 낭튀아 소스(▶ p.83 레시피 참조) 등을 만들 때 활용하면 좋다.

3. 뜨겁게 달군 올리브오일에 민물가재를 넣고 5~8분간 볶는다. 팬에 한 번에 너무 많이 넣지 않도록 주의한다. 소금을 조금 넣어 간한다.

4. 볶는 대로 체에 받쳐둔다.

5. 몇 분간 식힌 뒤 조심스럽게 껍데기 벗겨 살을 발라낸다. 껍데기를 부러트린 다음 꼬리를 누르면 살을 쉽게 꺼낼 수 있다. 발라낸 살은 상온에 잠시 보관한다.

## ● 시금치 준비하기

6. 시금치를 씻은 뒤 줄기와 잎맥을 제거한다. 이파리가 너무 잘게 찢어지지 않도록 주의한다. 다시 한 번 헹궈 물기를 빼둔다.

7. 소테팬에 올리브오일 2테이블스푼을 두르고 버터와 마늘을 넣은 뒤 거품이 나고 마늘이 살짝 터질 때까지 약불로 가열한다.

8. 버터가 노릇해지기 시작하면 불을 세게 올리고 시금치를 한 번에 넣는다.

9. 고루 뒤적여가며 소금, 후추를 뿌린다.

**■ 유용한 팁!**
시금치를 볶을 때는 금방 색이 나고 타기 쉽기 때문에 계속 뒤적여주어야 한다. 이 경우 요리에 쓴맛을 낼 수 있으니 주의한다.

10. 4~5분 정도 볶은 뒤 체에 걸러 수분을 뺀다.

## ● 사바용 만들기

11. 볼에 달걀노른자 6개, 샴페인을 넣고 거품기로 잘 섞는다. 소금을 조금 넣고 후추를 갈아 넣는다.

12. 중탕 냄비에 볼을 올리고 거품 내듯 살살 저으며 사바용을 만든다.

13. 사바용이 완성되면 불을 끄고 작게 썰어둔 차가운 버터와 생크림을 넣어준다. 간을 맞추고 잘 저어 섞는다.

## 플레이팅

**14.** 준비해둔 음식이 식었으면 다시 한 번 데운다. 단 민물가재는 데우지 않는다. 뜨거운 시금치를 카솔레트에 한 켜 깔아준다.

**WHY?**

민물가재 살을 다시 데우면 너무 마르거나 단단해질 수 있다. 식은 상태라도 뜨거운 시금치 위에 그대로 올리면 적당히 따뜻한 온도로 먹을 수 있다.

**15.** 시금치 위에 민물가재 살을 6개씩 빙 둘러 올린다.

**16.** 카솔레트 중앙에 놓이도록 주의해서 담는다.

**17.** 뜨거운 사바용 소스를 끼얹은 뒤 살라만더 그릴이나 오븐 브로일러에 넣고 겉면을 그라탱처럼 살짝 구워 바로 서빙한다.

## 셰프의 조언

■ 사바용에 사프란이나 커리와 같은 향신료를 넣거나 시금치를 볶을 때 약간의 버섯, 또는 잘게 깍둑 썬 사과를 조금 첨가해도 좋다.

■ 술을 넣고 싶지 않으면 샴페인 대신 민물가재나 생선 육수를 졸여 사용하면 된다.

# 바질 향
# 가리비살 스프링롤

LES CROUSTILLANTS DE SAINT-JACQUES AU BASILIC

**6인분**

준비 및 조리(튀기는 시간
포함) : **30분**
조리(오븐) : **30분**

## 재료

바질 1단
올리브오일 40ml +
　한 바퀴 분량
소금
브릭 페이스트리 12장
그라인더로 간 후추
가리비 살 30개

## 바질 피스투 만들기

**1.** 씻어서 물기를 완전히 제거한 바질 잎을 미리 썰어준다. 이렇게 준비하면 블렌더로 좀 더 쉽게 갈 수 있다.

**2.** 질이 좋은 올리브오일 40ml를 바질에 넣는다.

**3.** 바질 잎과 올리브오일을 절구에 넣어 찧거나 핸드블렌더로 갈아준다.

**4.** 소금을 조금 넣어 준다.

## 유용한 팁!

바질을 곱게 갈아야 조리 중 타지 않는다. 이 피스투는 미리 만들어두어도 되지만 24시간을 넘겨서는 안 된다. 색이 검게 변할 수 있기 때문이다.

# 중요한 포인트

▶ 이제부터 문자 그대로 '크루스티앙(바삭한 튀김)' 만들기를 시작한다. 가을철 대표 식재료인 왕가리비는 계절에 따라 구하기 어려울 수도 있다.

▶ 가리비조개를 껍데기째 구입한 경우에는 직접 손질한다. 우선 껍데기를 까서 살을 꺼내고 주변에 너덜너덜한 자투리를 다듬은 뒤 꼼꼼히 씻는다. 생식소를 떼어낸 다음 깨끗한 면포에 놓아 남은 수분을 제거하고 랩은 씌우지 않는다.

## ● 조립 및 익히기

5. 브릭 페이스트리 시트 한 장을 펴 놓은 다음 피스투를 넉넉히 바른다.

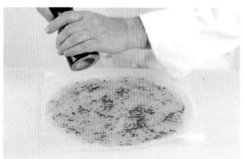

6. 소금으로 간을 하고 후추를 갈아 조금 뿌려준다.

7. 그 위에 두 번째 브릭 페이스트리를 덮는다.

8. 페이스트리 위에 가리비 살 5개를 세워서 나란히 붙여 놓는다.

■ **WHY?**
가리비 살을 4개만 넣으면 튀긴 다음 반으로 잘랐을 때 가리비가 분리될 수 있기 때문에 되도록 홀수로 넣어주는 것이 좋다. 그래야 가운데를 잘랐을 때 가리비 살의 절단면이 잘 살아난다.

9. 스프링롤을 만들 듯이 브릭 페이스트리 반 정도까지 말아준다. 가리비 살을 단단히 붙여 감싸도록 주의한다.

**10.** 양쪽 끝을 가운데로 모아 접은 뒤 스프링롤처럼 끝까지 반듯하게 말아준다.

**11.** 나머지 재료도 같은 공정으로 전부 말아준다.

■ **유용한 팁!**
이 작업은 3~4시간 전에 미리 해 놓을 수 있지만 이 시간을 초과하면 안 된다. 브릭 페이스트리가 너무 젖으면 결과물이 달라질 수 있기 때문이다.

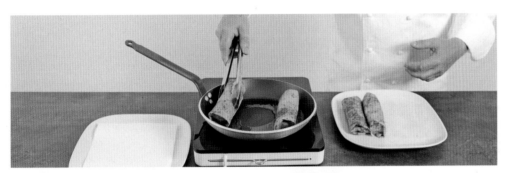

**12.** 팬에 올리브오일을 1cm 정도 높이로 넉넉히 붓고 가리비 '스프링롤'을 튀기듯 고루 지진다.

■ **유용한 팁!**
항상 페이스트리 접합 부분을 먼저 지져 붙여야 익히는 동안 모양이 흐트러지지 않는다. 지지는 시간은 5분을 초과하지 않도록 한다. 겉면에 고르게 노릇한 색이 나도록 지지되 색이 너무 진해지지 않도록 주의한다.

**13.** 양쪽 끝부분도 잊지 말고 꼼꼼히 지진다. 타지 않고 고르게 노릇한 색이 나도록한다.

■ **주의할 점!**
뜨거운 기름에 지지는 것이므로 금방 노릇해진다. 타기 쉬우니 주의한다.

**14.** 그릴 망 위에 올린 뒤 190℃ 오븐에 5분간 구워 완성한다.

15. 바삭하게 구워진 가리비 크리스피의 양쪽 가장자리를 잘라낸다.

16. 가운데를 약간 비스듬히 잘라 이등분한다. 톱니가 있는 작은 나이프 또는 주방용 전동 톱날을 이용해 자른다. 바로 서빙한다.

##  셰프의 조언

■ 이 레시피용으로는 알이 굵은 왕가리비 살을 사용한다. 스프링롤 한 개당 가리비 살 5개는 넣어야 익혀서 잘라 서빙하기에 적당하다.

■ 애피타이저로 서빙 시에는 한 사람당 이 사이즈의 스프링롤 반 개가 적당하다. 하지만 크기를 작게 만드는 것은 권장하지 않는다. 살이 너무 익어 단단해질 수 있으며 가리비 살보다 페이스트리 부분이 너무 많은 비중을 차지하기 때문이다.

# 마리니에르 홍합찜

LES MOULES À LA MARINIÈRE

**6인분**

준비 및 조리(전기레인지) :
　**30분~50분**

### ▪ 재료

양식 홍합 1.8kg
샬롯 60g
파슬리 50g
버터 100g
드라이 화이트와인 600ml

## ● 홍합 준비하기

1. 홍합을 솔로 문지르고 수염을 떼어낸다. 넉넉한 물에 깨끗이 씻고 죽은 것은 버린다 (물에 떠오른다). 껍데기가 깨지거나 반쯤 열린 것도 골라내 버린다. 홍합을 물에 오래 담가두지 않는다.

### ▪ WHY?

씻는 과정에서 홍합을 물에 몇 분 이상 담가두면 입이 열려 바닷물이 소실되기 때문에 소스를 만들었을 때 짭쪼름한 바다 향이 현격히 감소된다.

2. 샬롯의 껍질을 벗긴 뒤 잘게 썬다(▶ p.402 기본 테크닉, 양파/샬롯 잘게 썰기 참조). 파슬리를 씻어서 잘게 다진다.

## ● 홍합 익히기

3. 넓은 냄비나 코코트 냄비에 버터 분량의 반을 넣고 샬롯을 색이 나지 않게 살짝 볶는다. 거품이 나는 버터에 샬롯을 볶아 수분이 없어지도록 한다.

4. 화이트와인을 붓고 다진 파슬리의 반을 넣는다.

### ▪ 유용한 팁!

기호에 따라 와인 종류에 변화를 줄 수 있다.

5. 마지막으로 홍합을 넣는다. 끓을 때까지 기다리지 않는다.

6. 바로 뚜껑을 닫고 센 불에서 5~6분간 익힌 다. 중간중간 자주 뒤적여준다.

■ **WHY?**

홍합을 자주 뒤적여주어야 고루 익는다. 이 조리 과정은 시간이 그리 오래 걸리지 않는다. 홍합의 입이 열리면 다 익은 것이다.

● **플레이팅**

7. 홍합이 익으면 망국자로 건져서 서빙용 큰 수프 용기에 담는다.

8. 맨 위에 보기 좋게 플레이팅할 홍합 몇 개를 골라 살만 까 얹는다.

9. 남은 국물을 다시 불에 올린다. 너무 짜질 수 있으니 오래 졸이지는 않는다. 나머지 버터를 넣고 잘 섞어준다.

10. 작은 국자로 소스를 떠서 홍합 위에 고루 부어준다.

■ **유용한 팁!**

소스에 생크림 한 스푼과 향신료를 넣어도 좋다.

11. 다진 파슬리 남은 것을 고루 뿌려 즉시 서빙한다.

# 리옹식
# 강꼬치고기 크넬

LES QUENELLES DE BROCHET À LA LYONNAISE

## 6인분

준비 : **1시간 45분 ~ 2시간 15분**
조리(오븐) : **25분 + 35분**

### 도구
블렌더 또는 절구와 공이
스크래퍼
체

### ■ 재료

강꼬치고기(brochet) 살 200g

**파나드**
우유(전유) 2리터
버터 200g
밀가루 250g

**크넬 혼합물**
소금 10g
후추 0.5g
달걀 420g(6개 분량)
강판에 간 넛멕

**낭튀아 소스(약 600g 분량)**
민물가재 껍질 및 자투리 400g
　또는 민물가재 450g
당근 작은 것 1개(약 45g)
적양파 1/4개(약 45g)
샬롯 1/2개(약 20g)
생 토마토 200g
올리브오일
버터 45g
소금
코냑 25ml
드라이 화이트와인 100ml

생선 육수 450ml
토마토 페이스트 20g
부케가르니 1개
에스플레트 고춧가루(Piment
　d'Espelette)
리에종한 생선 육수 블루테
　200ml
생크림 80g

## ● 파나드(PANADE) 만들기

1. 소스팬에 우유와 버터 50g을 넣고 끓을 때까지 가열한다.

2. 체에 친 밀가루를 넣고 덩어리로 뭉치기 전에 거품기로 재빨리 섞어준다.

3. 주걱으로 저어 섞으며 익힌다. 바닥에 들러붙지 않도록 잘 저어준다.

4. 약 15분 정도 파나드를 계속 저어주며 수분을 날린다.

5. 유리볼에 덜어낸 다음 랩이나 뚜껑을 씌우지 말고 그대로 식힌다.

# 중요한 포인트

▶ 파나드의 수분을 충분히 날려주지 않으면 크넬이 형태를 유지하기 어렵다. 파나드 전체의 수분 함량이 균일해지도록 충분히 시간을 갖고 계속 저으며

서서히 수분을 날려주는 것 또한 중요하다. 약한 불에서 계속 저으며 이 과정을 진행하면 전체적으로 균일한 질감을 얻을 수 있다.

## ● 크넬 소 혼합물 만들기

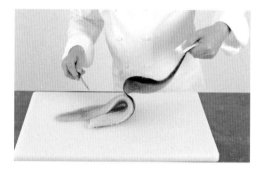

6. 강꼬치고기 필레의 껍질을 벗긴다.

7. 가시를 제거한다(▶ p.414 기본 테크닉, 생선 필레 가시 제거하기 참조).

8. 생선살을 굵직하게 썬다. 냉동실에 몇 분 간 넣어두면 블렌더로 갈거나 절구에 찧는 작업이 더 용이해진다.

9. 미리 차갑게 준비해 둔 블렌더나 절구에 생선살을 넣고 소금, 후추를 뿌린 다음 곱게 간다.

**WHY?**
바로 소금 간을 하면 생선살을 탱탱하게 만들 수 있다.

10. 곱게 간 생선살을 덜어낸 다음 눈이 고운 체에 놓고 스크래퍼로 긁어내린다. 껍질 조각이나 질긴 힘줄 부위 등을 제거할 수 있다.

**11.** 믹싱볼로 옮긴 다음 식은 파나드를 넣어
준다.

**12.** 전동 스탠드 믹서로 이 둘을 균일하게 섞
은 뒤 달걀을 한 개씩 넣으며 혼합한다.

**13.** 넛멕을 강판에 갈아 조금 넣어준다.

**14.** 상온에서 포마드 상태로 부드러워진 나
머지 버터 150g을 넣고 섞는다.

**WHY?**

크넬의 부드러운 식감을 살리고 뭉친 덩어리가
생기지 않도록 하려면 버터를 미리 상온에 두어
녹지는 않되 포마드처럼 부드러운 상태를 만들
어두는 것이 중요하다.

**15.** 혼합이 끝나면 간을 맞추고 익히기 전까
지 냉장고에 보관한다.

## ● 낭튀아(NANTUA) 소스 만들기

**16.** 살을 꺼낸 민물가재 껍데기와 자투리가
남아 있으면 이를 이용해 바로 소스를 만든
다. 활 민물가재를 사용할 경우에는 우선 솔
로 닦아 씻은 뒤 내장을 제거한다.

**17.** 내장을 제거한 민물가재의 머리와 꼬리
를 분리한다. 꼬리살 부분은 다른 용도로 보
관하거나 이 소스를 곁들여 서빙할 요리용으
로 사용한다.

**18.** 당근, 양파, 샬롯을 깍둑 썬다(mirepoix).
토마토는 굵직하게 썬다.

19. 넓은 냄비에 올리브오일과 버터 50g을 달군 뒤 민물가재 머리를 넣고 적당히 볶는다.

**WHY?**
민물가재는 너무 색이 진하게 나지 않도록 볶는 것이 좋다. 너무 오래 볶으면 쓴맛만 더해질 뿐 더 풍미가 좋아지는 것은 아니다.

20. 붉은색이 선명히 나기 시작하면 소금을 조금 뿌려 간한다.

21. 샬롯, 양파, 당근을 넣는다, 소금을 뿌리고 수분이 나오도록 몇 분간 볶는다.

22. 코냑을 붓고 불을 붙여 플랑베한다(민물가재 머리에 더듬이가 남아 있는 경우에는 불에 타서 소스에 쓴맛을 낼 수 있으니 이 과정을 생략한다). 드라이 화이트와인을 넣고 디글레이즈한다.

23. 센 불로 몇 분간 졸인 다음 생선 육수를 붓는다(▶ p.432 기본 테크닉, 생선 육수 만들기 참조).

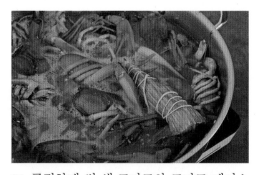

24. 굵직하게 썬 생 토마토와 토마토 페이스트, 부케가르니를 넣는다(▶ p.401 기본 테크닉, 부케가르니 만들기 참조). 에스플레트 고춧가루를 칼끝으로 아주 조금 넣어준다. 끓을 때까지 가열한 뒤 불을 줄인다.

25. 약불로 20분간 끓인다.

**유용한 팁!**
불을 아주 약하게 줄여야 한다. 국물이 탁해지거나 너무 많이 졸아들면 안 된다.

**26.** 20분 후 민물가재 머리를 모두 건진다.

**27.** 체망에 넣고 절구공이나 큰 밀대를 사용해 민물가재 머리를 잘게 부순다.

■ **주의할 점!**
잘게 부수되 절대로 블렌더로 갈면 안 된다. 소스가 뿌옇게 될 수 있다.

**28.** 다시 냄비에 쏟아 붓는다.

**29.** 체망에 걸러져 나온 즙도 냄비에 다시 붓고 낭튀아 소스 국물을 약 15분 정도 끓인다.

**30.** 원뿔체에 넣고 국자로 꾹꾹 눌러가며 최대한 즙을 추출해낸다.

**31.** 걸러 내린 국물을 깨끗한 소스팬에 옮긴 뒤 리에종한 생선 육수 블루테 500ml를 넣고 졸인다.

**32.** 생크림을 넣고 다시 졸인 뒤 나머지 버터 50g을 넣고 거품기로 잘 휘저어 섞는다.

## ● 익히기

**33.** 스푼 2개를 이용해 원하는 모양의 크넬을 만든다.

**34.** 냄비에 물을 넉넉히 붓고 소금을 넣는다. 물이 끓으면 불을 줄이고 크넬을 넣어 데친다. 중간중간 뒤집어주면서 약 15분간 익힌다. 건져서 낭튀아 소스를 끼얹어 뜨겁게 서빙한다.

### ■ 유용한 팁!

크넬을 데쳐 익힌 뒤 바로 서빙하지 않는 경우에는 얼음물에 담가 식혀 건져둔다.

# 🦌 셰프의 조언

■ 이 레시피는 단계별로 차근차근 진행하는 것이 중요하다. 반드시 각 단계의 순서를 지켜 여유있게 조리를 진행한다.

■ 물기가 흥건하지 않고 탱탱한 강꼬치고기 살을 준비하는 것이 중요하다. 직접 생선 필레를 뜬 다음 물에 헹구지 않고 깨끗이 닦아서 사용하는 것이 가장 좋다.

■ 이 레시피는 모든 종류의 크넬을 만드는 기본으로 사용할 수 있다. 강꼬치고기 대신 단단한 살을 가진 다른 생선을 사용할 수 있으며 심지어 닭고기나 송아지고기 크넬도 이 방법으로 만들 수 있다.

■ 이 레시피는 크넬에 낭튀아 소스를 끼얹어 내는 방식이지만 그라탱식으로 또는 화이트와인 소스를 곁들이는 등 다양한 방법으로 만들어 서빙할 수 있다.

# 뫼레트 에그

LES ŒUFS MEURETTE

**6인분**

준비 및 조리(전기레인지) :
　**30분~50분**

## ▨ 재료

방울양파 24개
베이컨 250g
이탈리안 파슬리 1/2단
식빵 슬라이스 6장
균일한 크기의 작은 양송이버섯
　250g
갈색 육수 또는 데미글라스
　400ml

물
버터
달걀 840g(12개 분량)
소금
후추
식용유

**소스**
샬롯 1개
부르고뉴 레드와인 750ml
타임 1줄기
월계수 잎 1/2장
무염 버터 20g

## ● 재료 준비하기

1. 양파와 샬롯의 껍질을 벗긴 뒤 잘게 썬다
(▶ p.402 기본 테크닉, 양파/샬롯 잘게 썰기 참조).

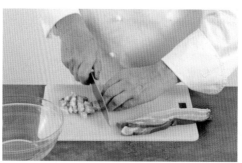

2. 베이컨의 껍질을 잘라내고 3장으로 슬라이스한 다음 작은 크기의 라르동 모양으로 썬다.

3. 이탈리안 파슬리를 씻어 너무 작지 않게 썬다(▶ p.400 기본 테크닉, 허브 잘게 썰기 참조).

4. 식빵의 가장자리를 잘라낸 다음 원형 커터를 사용해 12조각을 동그랗게 잘라낸다. 이것은 달걀을 얹는 용도로 사용된다.

5. 나머지 빵은 작게 깍둑 썰어 크루통을 만든다.

### ▨ 유용한 팁!
식빵 크루통 대신 캉파뉴 빵 슬라이스를 사용해도 좋다. 노릇하게 구운 뒤 마늘을 문질러 향을 낸다.

6. 양송이버섯을 재빨리 씻은 뒤 싱싱하지 않은 밑동은 잘라낸다.

7. 팬에 베이컨 라르동을 넣고 센 불로 몇 분간 볶아낸다.

8. 팬의 기름을 제거하지 않은 상태로 양송이버섯과 방울양파를 넣고 4~5분간 수분이 나오도록 볶는다.

9. 살짝 노릇한 색이 나면 갈색 육수와 물을 조금 넣어준다.

10. 수분이 너무 빨리 증발하지 않도록 뚜껑을 덮어준다.

11. 팬에 버터를 녹이고 크루통을 튀기듯이 볶는다. 또는 오븐에 넣어 노릇하게 구워도 된다. 남은 기름은 덜어낸다.

## ● 소스 만들기, 달걀 포칭하기

12. 소스팬에 레드와인 750ml를 붓는다.

13. 잘게 썬 샬롯과 타임, 월계수 잎 1/4장을 넣는다.

14. 끓인 뒤 플랑베하여 알코올 기를 날린다.

15. 우선 달걀 한 개를 깨트려 작은 그릇에 담는다.

16. 와인 소스에 넣고 3분간 포칭한다. 노른자 주위로 흰자가 덮이도록 조심스럽게 익힌다.

**주의할 점!**
와인에 절대 소금을 넣지 않는다! 달걀이 금방 풀어진다.

17. 포칭한 달걀을 건져 찬물에 넣지 않고 유산지를 깐 접시에 올려둔다. 이어서 다음 달걀을 포칭한다. 달걀은 한 개씩 따로 익혀야 한다.

18. 달걀을 모두 포칭(와인은 아주 약하게 보글보글 끓는 상태를 유지한다. 너무 팔팔 끓거나 너무 거품이 나지 않는 상태는 피한다)한 뒤 남은 와인을 그 소스팬에서 그대로 졸인다. 거의 글레이즈 농도가 되면 갈색 육수를 넣어준다.

19. 간을 한다.

20. 샬롯을 꾹꾹 눌러가며 체에 거른다.

**WHY?**
샬롯은 수분을 매우 잘 흡수한다. 샬롯을 눌러가며 소스를 짜내고 혹시 있을 수 있는 불순물을 체로 걸러낸다.

21. 양송이버섯과 방울양파에서 나온 즙을 넣어준다.

22. 소스를 몇 분간 더 졸인 뒤 마지막에 버터를 넣고 잘 섞어준다.

23. 식용유와 버터를 달군 팬에 동그랗게 잘라둔 식빵을 넣고 노릇하게 굽는다.

24. 접시에 뜨거운 식빵을 두 개 깐 다음 포칭한 달걀을 한 개씩 얹는다. 그 위에 버섯과 방울양파 가니시를 고루 얹어준다.

25. 뜨거운 소스를 끼얹는다.

26. 잘게 썬 파슬리를 뿌려 서빙한다. 나머지 접시도 마찬가지 방법으로 플레이팅한다.

 ## 셰프의 조언

■ 부르고뉴가 원조인 이 레시피(œufs meurette 또는 œufs à la bourguignonne)의 기본 원칙은 부르고뉴 와인을 사용한다는 점이다. 하지만 기호에 따라 가니시에 변화를 주거나 다른 와인을 사용해도 좋다. 스위트 화이트와인을 사용해도 매우 맛이 좋다.

■ 플레이팅할 때 따뜻한 토스트를 깔고 뜨거운 소스를 끼얹으면 달걀의 노른자가 부드럽게 흐르는 상태를 잘 유지할 수 있다.

# 미모사 에그

LES ŒUFS MIMOSA

**6인분**

준비 및 조리(전기레인지) :
**30분**

**도구**
체
스크래퍼
짤주머니

**■ 재료**

달걀 11개

**미모사(Mimosa)**
머스터드 20g
레몬즙 1/2개분
포도씨유 500ml

생 달걀노른자 2개분 + 삶은
 달걀 9개의 노른자
신선 허브(차이브 또는 기타 허브)
소금
후추

## ● 달걀 삶기

1. 달걀 9개를 냄비에 조심스럽게 넣고 물을 채운다.

2. 달걀을 10분간 삶는다.

3. 삶은 달걀을 넉넉한 양의 얼음물에 담가 식힌 뒤 건져서 물기가 없는 곳에 둔다.

4. 달걀 9개의 껍질을 깐다.

**■ 유용한 팁!**
이 작업은 찬물을 약하게 틀어놓고 하는 것이 좋다.

## ● '미모사' 혼합물 만들기

5. 볼에 머스터드, 레몬즙, 생 달걀노른자 2개, 포도씨유를 넣고 거품기로 휘저어 마요네즈를 만든다(▶ p.346 레시피 참조).

6. 껍질 깐 삶은 달걀 9개를 길게 반으로 자른다.

7. 흰자의 모양이 손상되지 않게 주의하면서 스푼으로 노른자를 빼낸다.

8. 노른자를 체에 놓고 스크래퍼로 긁어 곱게 내린다.

9. 허브를 잘게 썬다(▶ p.400 기본 테크닉, 허브 잘게 썰기 참조).

10. 체에 곱게 내린 달걀노른자, 마요네즈, 잘게 썬 허브를 잘 섞는다.

11. 소금, 후추로 간한다.

12. 주걱으로 잘 섞어준다.

## ● 플레이팅

**13.** 미모사 혼합물을 스크래퍼로 떠서 깍지를 끼운 짤주머니에 채워 넣는다.

 **유용한 팁!**

짤주머니에 채운 뒤 내용물이 안으로 잘 들어가도록 단단히 밀어 넣는다. 그래야 짜 얹었을 때 모양이 예쁘게 잘 나온다.

**14.** 반으로 자른 달걀흰자의 빈 공간에 미모사 혼합물을 짜 채워 넣는다. 원하는 모양으로 짜 장식한다.

## 🍳 셰프의 조언

■ 미모사 혼합물에 잘게 깍둑 썬 훈제연어, 다진 송로버섯, 성게알, 타프나드 등을 넣어 섞거나 사프란, 커리 등의 향신료를 첨가해 변화를 주어도 좋다. 기호에 따라 다양한 상상력을 발휘해보자.

■ 장식 효과를 높이기 위해 달걀을 지그재그 모양으로 이등분해도 좋다.

■ 칵테일파티용 안주나 핑거푸드 용으로 서빙할 때는 메추리알을 이용해 같은 방법으로 만들어보자.

# 생크림 코코트 에그

LES ŒUFS COCOTTE À LA CRÈME FRAÎCHE

**6인분**

준비 및 조리(전기레인지
　조리 포함) : **15분**
조리(오븐) : **10분**

**도구**
작은 코코트 용기 또는 래므킨
　(ramequins)

■ **재료**

버터 40g
소금
후추
생크림(crème fraîche) 350g
신선한 달걀 840g(12개분)

---

● **코코트 준비하기**

1. 6개의 개인용 미니 코코트 용기에 버터를
바르고 소금, 후추를 뿌린다.

2. 각 코코트 용기 바닥에 생크림(또는 더블
크림)을 한 티스푼씩 깔아준다.

■ **유용한 팁!**
생크림에 버섯 뒥셀, 송로버섯(트러플) 또는 향
신료 등을 넣어 향을 내주어도 좋다.

---

● **크림, 달걀 익히기**

3. 큰 소스팬에 나머지 생크림을 넣고 2/3가
되도록 졸인다.

■ **WHY?**
크림이 끓기 시작하면 부피가 거의 두 배로 부
풀어오른다. 이때 넘치지 않도록 하려면 여유
있는 크기의 냄비를 사용해야 한다.

4. 졸인 생크림에 간을 한 뒤 상온에 보관한다.

5. 달걀을 작은 볼에 한 개씩 깨 놓는다.

### WHY?

이렇게 한 개씩 깨 놓으면 혹시라도 사용하기 어려운 상태의 달걀을 발견할 경우 그것만 따로 제거할 수 있다. 달걀을 직접 크림에 깨트려 넣어 재료를 전부 버리게 되는 것을 방지할 수 있는 것이다.

6. 크림을 깔아둔 코코트 용기마다 달걀을 2개씩 넣는다.

7. 오븐용 바트에 유산지를 한 장 깔고 코코트 용기를 놓는다.

8. 끓는 물을 바트의 중간 높이까지 채운다.

### WHY?

조리를 바로 시작하기 위해서는 끓는 물을 넣어 중탕해야 한다. 바닥에 깐 유산지는 부글부글 끓는 현상을 제어하는 기능이 있어 중탕용 물이 용기 가장자리 위로 넘쳐 들어오는 것을 막아준다.

9. 150~160℃(최대) 오븐에 바로 넣어 중탕으로 익힌다. 코코트 용기를 소테팬에 넣고 센 불에 올려 중탕해도 된다. 코코트 용기를 오븐에서 꺼낸 뒤 뚜껑을 덮어 뜨겁게 유지한다.

### 주의할 점!

온도를 잘 지켜야 한다. 오븐의 온도가 너무 높으면 달걀노른자 표면이 뿌옇게 익을 수 있으며 맛도 떨어진다.

## ● 플레이팅

10. 다 익힌 후 코코트 용기의 바깥 면과 가장 자리의 물기를 닦아준다.

11. 졸여둔 뜨거운 크림을 각 달걀노른자 둘 레에 끼얹는다. 노른자를 덮지 않도록 주의 한다. 코코트 용기의 뚜껑을 덮어 바로 서빙 한다.

 # 셰프의 조언

■ 좋은 품질의 생크림 또는 더블크림을 사용하는 것이 중요하다.

■ 이 요리는 다양한 응용 레시피가 존재한다. 일단 달걀을 정확하게 익히는 기술을 습득하면 기호에 따라 원하는 재료를 다양하게 넣는 등 개성을 살려 자유롭게 응용할 수 있다.

■ 큰 용기에 달걀 12개 정도를 한 번에 요리하여 식탁에서 여럿이 나누어 먹어도 좋다.

# 허브를 넣은 롤 오믈렛

L'OMELETTE ROULÉE AUX HERBES

**6인분**

준비 : **10~15분**
조리(전기레인지) : **10분**

## ▨ 재 료

신선 허브
　(기호에 따라 이탈리안 파슬리,
　차이브, 타라곤, 바질 등)
달걀 1kg(15개분)
우유(전유) 60g
소금
후추
식용유
비멸균 생유 버터(beurre cru)

## ● 허브 준비하기

1. 허브는 가장 신선한 것으로 골라 깨끗이 씻는다. 선택한 허브 종류에 따라 잘게 썰거나 다지거나 굵직하게 썬다.

2. 사용하기 전까지 냉장고에 보관한다.

▨ **주의할 점!**
허브는 자르면 금방 시들기 쉬우니 주의한다.

## ● 오믈렛 만들기

3. 유리볼에 달걀을 깨트려 넣는다.

▨ **유용한 팁!**
좋은 품질의 싱싱한 달걀을 사용한다.

# 중요한 포인트

▶ 달걀을 깰 때 껍데기 조각이 들어가지 않도록 주의한다. 우선 작은 볼에 한 개씩 깨트려 담은 뒤 큰 볼로 옮겨 담는 것이 안전하다. 이렇게 하면 작은 껍데기 조각이 발견될 때 쉽게 건져낼 수 있을 뿐 아니라 상태가 안 좋은 달걀이 포함되어 있을 경우 전부 버리지 않고 그것만 제외하면 된다.

4. 달걀에 우유를 넣어가며 거품기로 세게 휘저어 섞는다.

5. 소금, 후추로 간한다.

6. 오믈렛을 익히기 바로 전에 허브를 넣어준다.

## ● 익히기

7. 논스틱 팬에 기름을 두르고 버터를 넣어 달군다.

**WHY?**
올리브오일을 한 바퀴 둘러주면 버터의 온도가 높아져도 금방 타는 것을 어느 정도 막을 수 있다.

8. 버터에 거품이 일기 시작하면 달걀 혼합물을 팬에 붓는다.

9. 달걀이 응고되기 시작할 때까지 주걱으로 계속 저어준다.

10. 오믈렛이 반쯤 익기 시작하면 불 위에서 그대로 말아준다.

11. 접시에 담아 바로 서빙한다.

#  셰프의 조언

■ 달걀 혼합물을 미리 준비해 두어도 되며 이때 반드시 냉장고에 보관한다. 단, 허브는 간이 된 달걀과 접촉하면 삭을 수 있으므로 오믈렛을 익히기 바로 전에 넣는다. 우유를 조금 첨가하고 거품기로 달걀을 힘껏 휘저어주면 보다 가벼운 식감의 오믈렛을 만들 수 있다.

■ 허브는 신선한 것을 선택해야 더 좋은 맛을 낼 수 있다. 요리를 본격적으로 시작한다면 늘 허브를 준비해 둘 것을 권장한다. 도시에서도 창가에 화분을 두어 허브를 기르면 시중에서 파는 절단 허브보다 훨씬 더 맛과 향이 좋은 허브를 먹을 수 있다.

■ 오믈렛을 예쁘게 말기 어려우면 면포나 김발 등을 이용하여 모양을 잡아 주어도 좋다.

■ 전통적으로 오믈렛은 구운 색이 나지 않게 익힌다. 하지만 개인의 취향에 따라 알맞게 익히면 된다. 나는 개인적으로 살짝 노릇한 색이 난 오믈렛을 선호한다.

# 시골풍 수프

LE POTAGE CULTIVATEUR

**6인분**

준비 및 조리(전기레인지 조리
　포함) : **35분~55분**

## 재 료

껍데기를 제거한 훈제 베이컨
　200g
당근 4개
순무 2개
리크 1대

셀러리악 1/2개
감자 중간 크기 3개
양파 1개
버터 40g
소금

후추
맑은 콩소메 2리터

## 재료 준비하기

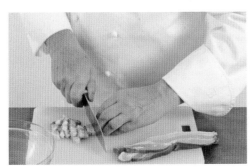

1. 베이컨을 라르동 모양으로 썬다.

2. 끓는 물에 넣고 센 불에서 충분히 데쳐낸
다. 이때 물에 소금은 넣지 않는다.

3. 채소의 껍질을 벗긴 뒤 당근, 순무, 리크
흰 부분, 셀러리악을 페이잔(paysanne) 모
양으로 썬다(▶ p.407 기본 테크닉, 페이잔 썰
기 참조).

4. 감자는 브뤼누아즈(brunoise)로 잘게 깍
둑 썰어 찬물에 담가둔다(▶ p.405 기본 테크
닉, 브뤼누아즈 썰기 참조).

5. 양파는 잘게 썬다(▶ p.402 기본 테크닉, 양
파/샬롯 잘게 썰기 참조).

# 중요한 포인트

▶ 이 수프를 만들 때 그린빈스를 넣는 경우가 종종 있지만 전통 레시피는 아니다. 본래 모든 포타주는 오래 끓이고 다시 데워 먹게 되는데 그린빈스는 오래 익히면 녹색을 유지하기 어렵기 때문이다.

▶ 그래도 그린빈스를 넣고자 한다면 브뤼누아즈로 작게 썰어 따로 끓는 소금물에 데친 뒤 포타주를 서빙할 때 넣어주면 된다.

## ● 익히기

6. 소스팬이나 적당한 냄비에 버터를 두른 뒤 데쳐낸 라르동을 넣고 색이 나지 않게 볶는다.

7. 잘게 썬 양파와 페이잔 썰기 한 리크를 넣는다. 간을 하고 뚜껑을 덮어 익힌다.

**유용한 팁!**
재료를 빨리 익히기 위해 뚜껑을 덮더라도 자주 열어보며 타지 않도록 주의해야 한다.

8. 이어서 당근과 셀러리악을 넣는다.

9. 다시 간을 한다.

**WHY?**
조리 중 후추를 넣으면 분해되며 풍미를 잃는다.

**10.** 채소가 어느 정도 익으면 순무를 넣는다.

**11.** 맑은 콩소메를 붓는다(없으면 물로 대체한다).

## 플레이팅

**12.** 10분 정도 끓인 뒤 물에 담가두었던 감자를 건져 넣는다.

**13.** 15분간 더 끓인다. 마지막으로 간을 맞춘 뒤 뜨겁게 바로 서빙한다.

**유용한 팁!**
가늘게 간 그뤼예르 치즈를 뿌리거나 구운 토스트를 곁들여 서빙해도 좋다.

# 뒤바리 블루테 수프

LE VELOUTÉ DUBARRY

**6인분**

준비 및 조리(전기레인지) :
 **45분~1시간**

**도구**
핸드블렌더

**■ 재료**

콜리플라워 1개
굵은 소금
밀가루 40g
버터 80g
리크 흰 부분 3대
버터
소금
생크림 100g

## ● 콜리플라워 준비하기

1. 콜리플라워의 잎을 떼어내고 씻은 뒤 적당한 크기의 냄비에 넣고 찬물을 붓는다.

2. 굵은 소금을 조금 넣고 센 불로 끓을 때까지 가열한다.

3. 크기에 따라 5~8분간 삶는다.

4. 건져낸 다음 삶은 물 1.5리터를 따로 보관한다.

5. 콜리플라워를 작은 송이로 조금 잘라둔다 (1인당 1테이블스푼 정도의 분량). 이것은 수프 서빙 때 가니시로 올리는 용도이다.

6. 나머지는 굵직하게 다진다.

7. 화이트 루(roux blanc)를 만들어 약불로 천천히 익힌다(▶p.396 기본 테크닉, 화이트 루 만들기 참조).

8. 콜리플라워 삶은 물을 붓는다. 화이트 루를 미리 만들어 그릇에 따로 덜어두었다면 이것을 콜리플라워 익힌 물에 넣고 잘 섞어준다.

9. 냄비에 눌어붙지 않도록 주의하며 약불에서 15분간 끓인다.

## 중요한 포인트

▶ 혼합할 때 국물이 뜨겁다면 루는 차가워야 한다. 콜리플라워 삶은 물이 차갑게 식었다면 루는 뜨거워야 한다. 요리에서 리에종을 하려면 항상 이와 같은 온도의 차이가 필수적이다. 그래야 응어리지지 않고 걸쭉하게 잘 섞인다.

10. 리크를 씻어 흰 부분만 잘게 송송 썬다. 냄비에 버터를 달군 뒤 리크를 넣는다. 소금을 조금 뿌리고 수분이 나오도록 볶는다. 이때 색이 나지 않도록 주의해야 포타주를 흰색으로 완성할 수 있다.

11. 리크가 나른하게 잘 볶아지면 루와 콜리플라워 삶은 물을 혼합한 냄비에 넣어준다.

12. 잘게 썰어둔 콜리플라워를 넣는다.

13. 10~15분간 끓인다.

14. 불에서 내리고 핸드블렌더로 모두 갈아 준다.

15. 원뿔체에 넣고 국자로 눌러가며 거른다.

16. 다시 불에 올리고 생크림을 넣는다.

17. 마지막으로 간을 맞춘 뒤 그릇에 담고 준비해 둔 콜리플라워 작은 송이들을 얹어 아주 뜨겁게 서빙한다.

**유용한 팁!**
버터에 튀긴 작은 크루통을 곁들여도 좋다.

##  셰프의 조언

■ 고전 레시피에서 블루테는 포타주 파르망티에(potage Parmentier) 베이스, 즉 감자를 이용해 걸쭉하게 농도를 맞춘다. 이 레시피에서는 콜리플라워 삶은 물을 활용하고 여기에 루(roux)를 더해 리에종하는 방법을 제시해보았다. 한층 더 깊은 콜리플라워의 맛을 느낄 수 있을 것이다.

■ 이 레시피를 통해 블루테의 기본을 익힐 수 있을 것이다. 블루테는 재료를 갈아 체에 거르고 크림을 첨가하여 리에종한 걸쭉한 수프이다. 이 방법으로 다른 채소들을 이용한 다양한 블루테를 만들어보자. 크레시(Crécy), 프레뇌즈(Freneuse), 아르장퇴이(Argenteuil), 에사우(Esaü), 생 제르맹(Saint-Germain) 등의 다양한 종류가 있다. 그 외에도 기호에 맞게 독창성을 발휘하여 응용해보자.

# 구슬 모양 채소를 넣은 비프 콩소메

LE CONSOMMÉ DE BŒUF AUX BILLES DE LÉGUMES

**12인분**

준비 및 조리(전기레인지) :
 **2시간 ~ 2시간 30분**

## 도구
작은 크기의 멜론볼러
조리용 온도계

## ▢ 재 료

셀러리악 1개(약 600g)
당근 6개
순무 2개
주키니호박 2개
양송이버섯 3개
토마토 2개
리크 1대

소고기 분쇄육(기름이 적은
 살코기 부위) 400g
달걀흰자 240g(6개 분량)
소고기 육수(포토푀 국물) 4리터
소금
후추
레몬(선택)

## ● 채소 준비하기

1. 셀러리악, 당근, 순무를 씻어 껍질을 벗긴다.

▢ **유용한 팁!**
자투리는 버리지 말고 두었다가 다른 용도로 사용한다.

2. 작은 멜론볼러를 이용해 당근을 구슬 모양으로 도려낸다.

3. 마찬가지 방법으로 순무와 셀러리악도 작은 구슬 모양으로 도려낸다. 살이 두툼한 이 채소들은 동그랗게 도려낸 뒤 살을 한 켜 벗겨내고 다시 구슬 모양으로 잘라내기를 시작한다.

4. 주키니호박은 껍질을 벗기지 않고 녹색을 살려 구슬 모양으로 잘라낸다.

5. 당근 자투리와 양송이버섯, 토마토, 리크를 잘게 썰거나 다진다.

6. 불에 올리지 않은 큰 냄비에 다진 채소(당근, 버섯, 토마토, 리크)와 간 소고기를 넣고 섞는다.

**WHY?**

고기는 더 깊은 국물 맛을 낼 뿐 아니라 피가 굳으면서 불순물을 흡착하여 표면에 층을 이루며 떠오른다.

7. 달걀흰자를 넣는다.

## 콩소메 만들기, 맑게 정화하기

8. 냄비에 소고기 육수(포토푀 국물)를 붓는다.

9. 약불에 올리고 천천히 가열을 시작한다. 바닥에 눌어붙지 않도록 잘 저어주며 약하게 끓어오를 때까지(70~80℃ 사이) 가열한다.

**유용한 팁!**

소고기 육수 4리터로 맑게 정화한 더블 콩소메 3리터를 만들 수 있다.

10. 아주 약하게 끓는 상태를 유지한다. 소고기 분쇄육과 달걀흰자가 표면으로 떠올라 층을 이루게 된다. 작은 국자로 국물을 떠 고기 층으로 부어가며 여과시킨다.

**유용한 팁!**

끓는 동안 국물을 너무 세게 휘젓지 않는다. 불순물이 육수에 퍼져 나가기 때문이다.

11. 1시간 30분 뒤 국물만 조심스럽게 떠서 면포를 얹은 체에 거른다. 냄비 위에 뜬 고기 층과 바닥의 불순물은 제외한다. 아주 맑은 육수를 얻게 될 것이다.

## ● 구슬 모양 채소 익히기

12. 끓는 물에 소금을 넣고 구슬 모양으로 잘라낸 주키니호박을 넣어 2분간 데친다. 건져서 바로 찬물에 담가 식힌다.

13. 마찬가지 방법으로 순무를 넣고 4분간 데친 뒤 건져서 같은 찬물에 담근다.

14. 채소가 물을 너무 많이 머금지 않도록 찬물에서 건져둔다.

15. 맑은 콩소메 400ml를 끓인 뒤 구슬 모양 당근과 셀러리악을 넣고 10분간 익힌다. 건져둔다.

16. 우묵한 접시에 구슬 모양 채소 익힌 것을 고루 담고 뜨겁데 데운 맑은 콩소메를 붓는다. 기호에 따라 간을 맞춘 뒤 바로 서빙한다.

# '엘리제'
# 송로버섯 수프

LA SOUPE AUX TRUFFES ÉLYSÉE

## 6인분

준비 : **20~30분**
휴지 : **20분 + 10분**
조리(오븐) : **18분**

### 도구

트러플 슬라이서
라이언 헤드 수프 볼
  (bols 'tête-de-lion')

### ■ 재료

당근 작은 것 2개
셀러리악 작은 것 1/2개
양송이버섯 4개
양파 2개
버터 50g
소금
후추
푸아그라 300g

화이트 누아이 프라트(Noilly
  Prat blanc 베르무트의 일종)
  6스푼
송로버섯(각 40~50g짜리) 6개
맑게 정화한 닭 콩소메
  (consommé double de
  volaille) 1.5리터
밀가루

퓌유타주 반죽
달걀 70g(1개 분량)

## ● 수프 재료 준비하기

1. 당근, 셀러리악, 양송이버섯, 양파를 마티뇽 (matignon) 모양으로 잘게 썬다(▶ p.406 기본 테크닉, 마티뇽 썰기 참조).

2. 버터를 녹인 팬에 채소를 넣고 수분이 나오도록 볶는다. 간을 한다.

**유용한 팁!**
채소는 뚜껑을 덮고 색이 나지 않게 익힌다.

3. 푸아그라의 기름을 제거한 뒤 주사위 모양으로 썬다.

4. 차갑게 준비해둔 '라이언 헤드' 수프 볼에 익힌 채소를 고루 넣는다(볼 한 개당 약 2테이블스푼).

5. 누아이 프라트 베르무트를 한 테이블스푼씩 넣어준다.

6. 송로버섯을 슬라이서로 얇게 썰어 각 볼에 넣어준다.

7. 깍둑 썰어둔 푸아그라도 넣어준다.

8. 맑은 닭 콩소메를 250ml씩 붓고 냉장고에 최소 20분간 넣어둔다.

## ● 볼에 크러스트 씌우기

9. 작업대에 밀가루를 뿌린 뒤 차가운 퓌유타주 반죽을 놓는다.

10. 밀대로 민다.

11. 수프 볼 입구를 덮을 수 있도록 볼 입구 지름보다 2cm 더 큰 사이즈의 원형으로 자른다.

12. 원형으로 자른 반죽 가장자리에 붓으로 물을 살짝 발라준다.

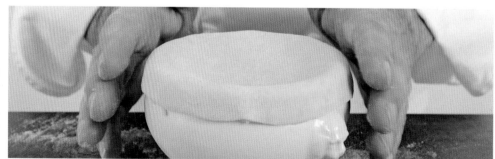

13. 반죽을 볼에 씌운 뒤 퓌유타주가 꺼져 내려앉지 않도록 냉장고에 최소 10분간 넣어둔다.

### 주의할 점!
퓌유타주 반죽이 내용물에 젖을 수 있으니 볼을 기울여 움직이지 않도록 주의한다.

## ● 익히기

14. 달걀 한 개를 풀어준다.

15. 오븐에 넣기 바로 전 수프 크러스트에 붓으로 달걀물을 발라준다.

16. 220℃로 예열한 오븐에 넣어 18분간 익힌다.

##  셰프의 조언

■ 볼 안에 내용물을 너무 많이 채우지 않도록 주의한다. 익는 동안 끓으면서 국물이 넘칠 수 있다.

■ 오븐에서 푀유타주 크러스트가 봉긋하게 부풀어 오르며 노릇하게 구워지면 이 수프가 성공적으로 완성되고 있다는 신호다.

■ 크러스트를 입힌 이 특별한 수프는 요리사 폴 보퀴즈가 1975년 2월 25일 대통령 관저인 엘리제궁에서 처음 선보였다(당시 발레리 지스카르 데스탱 대통령은 셰프 보퀴즈에게 레지옹 도뇌르 기사 훈장을 수여하며 이를 기념하는 오찬을 베풀었다). 이 수프 레시피는 다른 포타주에도 쉽게 응용할 수 있다.

# 생선

# 속을 채운 농어
# 소금 크러스트 구이

LE BAR FARCI EN CROÛTE DE SEL

**6인분**

준비 및 조리(전기레인지
　조리 포함) : **40분~50분**
조리(오븐) : **25분**
휴지 : **10분**

**도구**
가시제거용 핀셋
생선용 필레 나이프(또는 날에
　탄성이 있는 나이프)
주방용 고기 포크(diapason)

**■ 재료**

큰 사이즈의 농어
　(약 2kg짜리) 1마리
소금
후추
버터

**소 재료**
펜넬 6개
셀러리 2줄기
양파 큰 것 2개

샬롯 2개
이탈리안 파슬리 4~5줄기
그리스식 블랙올리브(소금에
　절인 뒤 올리브오일에 저장한
　것) 100g
올리브오일

**소금 크러스트**
고운 소금 3kg
프로방스 허브 50g
달걀흰자 3개분

## ● 농어 준비하기

1. 도마에 생선을 놓고 손질한다. 우선 양쪽 지느러미를 잘라낸 뒤 아가미를 제거하고 머리 쪽으로 내장을 빼낸다.

2. 생선 등쪽 중앙 가시 뼈 위에 칼집을 낸 뒤 머리부터 꼬리 위쪽까지 조심스럽게 칼로 잘라 주머니처럼 열어준다. 완전히 잘라내지 않은 상태를 유지하며 가시 뼈에서 한쪽 살을 분리한다.

3. 생선을 뒤집어 반대쪽 살도 마찬가지로 가시 뼈와 분리한다.

4. 머리와 꼬리는 그대로 둔 채 살과 분리된 중앙 가시 뼈를 잘라낸다.

5. 농어를 조심스럽게 씻은 뒤 종이타월로 살을 살살 누르며 닦아 남은 피와 수분을 제거한다.

**■ 주의할 점!**
농어를 손질할 때 생선 안쪽의 맛있는 즙을 보존하기 위해 비늘을 절대 제거하지 않는다.

## ● 소 만들기

6. 펜넬, 셀러리, 양파, 샬롯, 파슬리 등 준비한 채소의 껍질을 벗긴 뒤 씻는다. 펜넬을 얇게 썰고 속대는 잘라버린다.

7. 셀러리의 잎을 떼어낸 후 마찬가지로 얇게 썬다.

8. 샬롯과 양파도 얇게 썬다.

9. 파슬리를 잘게 썬다(▶ p.400 기본 테크닉, 허브 잘게 썰기 참조).

10. 씨를 제거한 블랙올리브를 잘게 썬다.

11. 올리브오일을 두른 냄비에 펜넬, 샬롯, 양파를 넣고 약불에서 볶는다. 간을 한다.

12. 중간중간 저어주며 익히다가 뚜껑을 덮는다.

13. 다 익으면 마지막에 올리브, 잘게 썬 셀러리, 파슬리를 넣어준다.

14. 소 재료를 식힌 뒤 농어 살 안쪽에 소금으로 간을 한다.

15. 완전히 식힌 소 재료를 농어 안에 채운다.

■ **유용한 팁!**
생선은 항상 차가운 상태를 유지해야 하며 함께 조리하는 재료와 온도가 같아야 한다. 이를 지키지 않을 경우 세균 번식의 위험이 있다.

16. 채워 넣은 소가 밖으로 나오지 않도록 농어의 모양대로 잘 여며준다. 냉장고에 넣어 둔다.

# 중요한 포인트

▶ 농어 안쪽에 소금 간을 충분히 해야 한다. 흔히들 소금 크러스트를 덮어 익히기 때문에 소금 간을 너무 세게 하지 말아야 한다고 생각한다. 이는 사실이 아니다. 소금 크러스트는 생선을 완전히 덮어 자체 수분으로 찌듯이 익히는 역할만을 할 뿐이다. 재료를 완전히 밀폐해 익히는 방식이다.

## ● 소금 크러스트 만들기

17. 큰 유리볼에 소금 3kg, 프로방스 허브, 달걀흰자를 넣는다.

18. 찬물을 넣고 잘 풀어주며 섞는다.

■ **유용한 팁!**
달걀흰자와 물을 조금씩 넣어가며 반죽이 한 번에 너무 질어지지 않도록 조절한다.

## ● 익히기

19. 버터를 바른 유산지 위에 농어의 크기에 맞추어 소금 크러스트를 깔아준다.

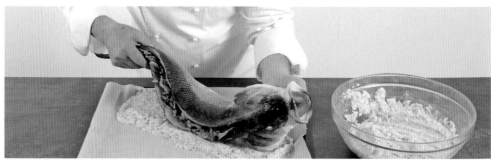

20. 농어를 배쪽이 아래로, 머리가 왼쪽으로 오도록 놓는다. 팬에 약간의 기름과 버터를 달군 뒤 송아지 흉선을 넣고 노릇하게 지진다.

**WHY?**

항상 이 방식으로 생선을 서빙한다.

21. 소금 크러스트로 농어를 완전히 덮어준다.

22. 예열한 오븐(약 210℃)에 넣어 25분간 익힌다. 오븐에서 꺼낸 뒤 최소 10분간 휴지시킨다.

23. 소금 크러스트를 깨트려 걷어낸다.

24. 생선 꼬리 쪽 껍질에 살짝 칼집을 낸 다음 주방용 고기 포크를 사용하여 껍질을 돌돌 말아 벗겨낸다.

# 셰프의 조언

■ 프랑스의 농어인 바르(bar)와 루(loup)는 똑같은 생선이다. 단, 바르(bar)는 영불해협 망슈(Manche) 지역에서, 루(loup)는 지중해에서 잡히는 것을 각각 칭하는 이름이다. 양식 농어보다는 살이 훨씬 더 탱탱하고 풍미가 좋은 자연산을 추천한다.

■ 이 레시피를 바탕으로 기호에 따라 소 재료를 다양하게 만들 수 있으며 생선도 농어 대신 큰 도미 등으로 바꿀 수 있다. 이 경우 익히는 시간에 주의해야 한다.

■ 이 요리에는 홀랜다이즈 소스(▶ p.349 레시피 참조)나 뵈르 블랑 소스(▶ p.362 레시피 참조)를 곁들이는 것이 가장 좋다.

■ 뷔페용으로는 뜨겁게 서빙할 경우 대기하는 동안 오버쿡이 될 염려가 있으니 차갑게 내는 쪽을 권장한다. 이 경우 비에르주 소스(sauce vierge)나 비네 그레트(vinaigrette)를 곁들인다.

# 샴페인에 브레이징한 대문짝넙치

LE TURBOT ENTIER BRAISÉ AU VIN DE CHAMPAGNE

**6인분**

준비 : **30분**
조리(오븐) : **30분~40분**

## ■ 재 료

대문짝넙치(2.8kg 짜리) 1마리
레몬즙 약간

**소스**
샬롯 50g
버터 50g
생선 육수 500ml
샴페인 400ml
소금
액상 생크림 100g

## ● 대문짝넙치 준비하기

1. 생선 손질하기 : 양쪽 지느러미를 바싹 자른다.

2. 꼬리지느러미도 잘라낸다.

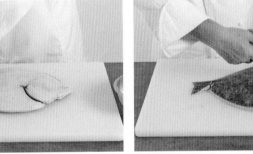

3. 아가미 쪽으로 내장을 빼낸다.

4. 내장을 모두 제거한다.

## ■ 유용한 팁!

대문짝 넙치는 통째로 조리해야 더 맛이 좋다.
식사 인원이 많지 않거나 오븐 크기가 작으면
한 토막 또는 반 마리만 조리해도 된다. 가능하
면 언제나 최대한 두툼한 넙치로 고른다.

## ● 대문짝넙치 익히기

5. 샬롯의 껍질을 벗긴 뒤 잘게 썬다(▶ p.402 기본 테크닉, 양파/샬롯 잘게 썰기 참조).

6. 높이가 있고 넓은 오븐용 팬에 버터를 작게 잘라 고루 깐다.

7. 그 위에 잘게 썬 샬롯을 뿌린다.

8. 생선 육수 분량의 1/5을 붓는다(▶ p.432 기본 테크닉, 생선 육수 만들기 참조).

9. 샴페인 분량의 1/3을 붓는다.

10. 그 위에 생선을 놓는다.

11. 소금을 뿌려 간한다.

12. 180℃ 오븐에 넣어 익힌다(미리 예열해 뜨거워진 오븐에 넣어야 생선 표면에 색이 나지 않고 고루 익는다).

**13.** 몇 분 지난 후 수증기가 올라오기 시작하면 뚜껑이나 알루미늄 포일로 덮고 입구를 조금 터놓은 뒤 다시 오븐에 넣는다.

■ **유용한 팁!**
덮은 알루미늄 포일이 생선에 직접 닿지 않도록 주의한다. 생선과 알루미늄 포일 사이에 유산지를 한 장 더 덮어주면 좋다.

## 중요한 포인트

▶ 익히는 동안 팬 안에 항상 수분이 있어야 한다. 국물이 졸아 없어지면 중간에 샴페인을 조금씩 보충해준다. 이것을 '쿠르 무이유망(court mouillement, 적은 양의 수분을 넣어 자작하게 익히는 방법)' 이라고 한다. 이러한 익힘 방식은 생선을 촉촉하게 유지하며 조리 중 흘러나온 생선 맛의 정수가 바닥에 눌어붙는 것을 막아준다.

▶ 샴페인이 없으면 대신 물을 넣어준다. 브레이징 조리의 기본 원리는 소량의 국물을 넣고 뚜껑을 덮은 뒤 자작하게 익히는 것이다.

### ● 소스 완성하기, 플레이팅

**14.** 생선이 다 익으면 꺼내서 식지 않도록 덮어둔다.

**15.** 팬에 남은 국물을 적당한 크기의 소스팬에 덜어낸 뒤 졸인다.

**16.** 나머지 생선 육수를 넣은 뒤 반으로 졸인다.

17. 생크림을 넣고 잘 섞으며 시럽 농도의 소
스가 될 때까지 졸인다.

18. 서빙 바로 전 레몬즙을 몇 방울 넣어준다.

# 셰프의 조언

■ 이제 여러분은 생선을 브레이징하여 익히는 방법을 익혔다. 이 조리법을 다른 종류의 생선에도 응용해보자. 또한 생선을 익히는 베이스 국물에 다양한 향신료, 버섯, 올리브나 과일 등의 향신재료를 넣어보는 것도 좋다.

■ 이 브레이징 방식으로 익힐 때는 항상 생선 머리도 함께 조리하는 게 좋다. 익힐 때 뚜껑을 덮어주어야 하며 소량의 수분을 유지하는 '쿠르 무이유망' 방식으로 조리해야 한다. 완전히 끓이는 것이 아니라 약하게 '시머링(mijoter)' 하는 방식으로 익히는 것이다. 생선의 맛과 촉촉하고 부드러운 식감을 살리는 이상적인 조리법이다.

# 버섯 뒥셀을
# 채워 익힌 서대

LA SOLE SOUFFLÉE AUX CHAMPIGNONS

## 6인분

준비 및 조리(전기레인지) :
**40분~1시간**
조리(오븐) : **약 10분**

## ■ 재 료

서대(각 600g짜리) 6마리
소금
후추
버터 50g
샬롯 50g
드라이 화이트와인 250ml

**뒥셀**
양송이버섯 1kg
샬롯 250g
마늘 1톨
이탈리안 파슬리 1/2단
식용유
버터 50g
소금
후추

**소스**
서대 생선 육수 100ml
생크림 30g
버터 100g
소금
후추
레몬즙

---

## ● 버섯 뒥셀

1. 버섯을 재빨리 씻어 물기를 닦은 뒤 다진다.

2. 샬롯과 마늘의 껍질을 벗긴다. 샬롯을 잘게 썬다(▶ p.402 기본 테크닉, 양파/샬롯 잘게 썰기 참조). 마늘은 다진다.

3. 이탈리안 파슬리를 잘게 썬다(▶ p.400 기본 테크닉, 허브 잘게 썰기 참조).

4. 소테팬에 기름 몇 방울을 두르고 버터 50g을 녹인 뒤 샬롯과 마늘을 넣고 수분이 나오도록 볶는다.

5. 다진 버섯을 넣고 소금 간을 살짝 한 뒤 뚜껑을 닫아 익힌다.

6. 버섯에서 수분이 나오면 뚜껑을 열고 계속 저어주며 볶는다.

7. 버섯 뒥셀이 완성되면 잘게 썬 파슬리를 넣는다.

8. 소금으로 간을 맞춘 뒤 후추를 뿌린다. 냉장고에 넣어둔다.

## ● 서대 준비하기

9. 서대의 검은 쪽 껍질을 당겨 벗긴다.

10. 내장을 제거하고 지느러미를 가위로 잘라낸다.

11. 흰쪽 껍질을 칼로 긁어 비늘을 제거한다.

12. 껍질을 벗겨낸 면에 칼집을 넣어 가시뼈를 들어낸다. 머리와 꼬리까지 완전히 자르지 않고 붙은 상태 그대로 둔다.

13. 가시뼈를 제거한 서대를 주머니처럼 벌려 안쪽에 소금 간을 한다.

14. 버섯 뒥셀을 생선 안에 채운 뒤 살을 다시 덮어 여며준다.

## ● 서대 익히기

**15.** 약간의 높이가 있는 오븐용 팬에 작게 썬 버터를 고루 깔아준다. 잘게 썬 샬롯을 뿌리고 화이트와인 분량의 1/3을 뿌린다.

**16.** 그 위에 서대를 흰 껍질 부분이 위로 오도록 놓는다.

**17.** 소금으로 간한다.

**18.** 180℃로 예열한 오븐에 넣어 익힌다. 몇 분 지난 후 수증기가 올라오기 시작하면 뚜껑이나 알루미늄 포일로 덮고 입구를 조금 터놓은 뒤 다시 오븐에 넣는다.

**■ 유용한 팁!**

알루미늄 포일이 서대에 직접 닿지 않도록 팽팽히 당겨 덮어준다. 생선이 두께가 있어 높이 올라오는 경우에는 생선과 알루미늄 포일 사이에 유산지를 한 장 더 덮어주면 좋다.

# 중요한 포인트

▶ 익히는 동안 팬 안에 수분이 항상 있어야 한다. 국물이 없어지면 중간에 화이트와인을 조금씩 보충해준다.

▶ 익히면서 와인을 생선에 조금씩 뿌리고 바닥에 눌어붙은 맛 즙을 긁어준다. 와인을 조금 넣고 조리용 붓을 사용해 눌어붙은 곳을 불리듯이 문질러내면 좋다.

## 소스 완성하기, 플레이팅

19. 생선이 다 익으면 꺼내서 바트 망 위에 올린다.

20. 식지 않도록 덮어준다.

21. 익히고 남은 국물을 적당한 크기의 소스 팬에 덜어낸다.

22. 생선 육수를 첨가한다(▶ p.432 기본 테크닉, 생선 육수 만들기 참조). 반으로 졸인다.

23. 생크림을 넣고 몇 분간 끓인다.

24. 이어서 뵈르 블랑 소스(▶ p.362 레시피 참조)를 만들 듯이 버터를 넣고 거품기로 잘 저어 섞는다(monter au beurre). 간을 맞춘다. 서빙 바로 전에 레몬즙을 몇 방울 뿌린다.

 # 셰프의 조언

■ 생선 안에 뒥셀 대신 잘게 다진 라타투이나 오래 볶은 펜넬 등의 소를 채워 다양하게 응용해도 좋다.

■ 이 요리에는 생 파스타(▶ p.303 레시피 참조) 익힌 것 또는 찐 감자를 곁들이면 좋다.

# 연어 쿨리비악

LE COULIBIAC DE SAUMON

**6인분**

준비 및 조리(전기레인지) :
  **20분~30분**
휴지 : **2시간**
조리(오븐) : **45분**

**도구**
가시제거용 핀셋

## ■ 재 료

연어 필레 1장
샬롯 2개
양송이버섯 500g
이탈리안 파슬리 1단
달걀 6개
식용유 한 바퀴
버터 50g
소금

후추
퍼유타주(feuilletage) 반죽
  500g
필라프 라이스 250g

## ● 재료 준비하기

1. 연어 필레(▶ p.412 기본 테크닉, 생선 필레 뜨기 참조)를 준비한 다음 핀셋으로 가시를 제거한다(▶ p.414 기본 테크닉, 생선 필레 가시 제거하기 참조).

## ■ 주의할 점!

연어 필레는 깨끗이 닦고 가시를 꼼꼼히 제거해야 한다. 항상 최대 3~4kg짜리 연어에서 뜬 필레를 사용하도록 한다. 기름기가 적고 맛이 더 좋다.

2. 표면의 기름진 부분은 잘라낸다.

3. 껍질을 벗긴다.

4. 2cm 두께의 에스칼로프로 어슷하게 썬다. 같은 두께로 똑바로 썰어도 된다.

5. 샬롯을 잘게 썬다(▶ p.402 기본 테크닉, 양파/샬롯 잘게 썰기 참조).

6. 양송이버섯을 씻어 껍질을 벗긴 뒤 얇게 썬다.

**■ 유용한 팁!**
버섯의 껍질을 벗기고 썬 다음에는 절대로 다시 물에 씻지 않는다.

7. 이탈리안 파슬리를 씻어 물기를 완전히 제거한 뒤 잘게 썬다(▶ p.400 기본 테크닉, 허브 잘게 썰기 참조).

## ● 재료 미리 익히기

8. 달걀을 삶은 뒤 찬물에 식혀 껍질을 깐다.

9. 팬에 기름을 한 바퀴 두르고 버터를 넣어 거품이 날 때까지 녹인다.

10. 버터가 노릇해지기 시작하면 슬라이스해 소금, 후추로 밑간을 한 연어를 넣고 양면을 슬쩍 지진다. 팬에서 꺼내 따로 보관한다.

11. 연어를 지진 팬의 기름을 제거하지 않은 상태로 잘게 썬 샬롯을 넣어 볶는다.

12. 노릇한 색이 나기 시작하면 버섯을 넣는다.

13. 채소의 수분이 나오면 잘게 썬 이탈리안 파슬리를 넣어준다.

14. 몇 분간 볶아준다.

■ **유용한 팁!**
쿨리비악에 시금치를 넣는 흔한 오류를 범하지 말자. 쿨리비악에 녹색을 내는 것은 시금치가 아니라 파슬리다.

15. 연어와 버섯볶음을 냉장고(5~6℃)에 넣어둔다.

## ● 쿨리비악 조립하기

16. 작업대에 밀가루를 뿌린 뒤 푀유타주 반죽을 밀어 2개의 직사각형을 만든다. 그중 하나는 조금 더 크게 만든다(쿨리비악을 덮는 용도의 시트).

17. 오븐팬에 유산지를 한 장 깐 다음 2장의 푀유타주 반죽 중 작은 것을 놓는다.

18. 푀유타주 시트 위에 사방 2cm씩의 여유(반죽을 덮은 뒤 붙이는 공간)를 남기고 필라프 라이스(▶ p.307 레시피 참조)를 깔아준다.

19. 연어와 삶은 달걀 슬라이스를 교대로 나란히 얹는다.

20. 파슬리와 샬롯을 넣은 버섯볶음을 덮어준다.

21. 나머지 필라프 라이스로 덮어준다.

# 중요한 포인트

▶ 여러 켜로 재료를 쌓아 쿨리비악을 만들지만 베이스 역할을 하는 것은 익힌 라이스다. 이 쌀이 열기를 잡아주고 익히는 동안 방출되는 습기, 즙, 기름기를 흡수하는 역할을 한다.

22. 반죽 시트 가장자리에 붓으로 물을 바른다.

23. 두 번째 푀유타주 반죽을 밀대에 감아 조심스럽게 덮어준다.

24. 둘레를 맞추어 붙인 뒤 깔끔하게 잘라 정리한다.

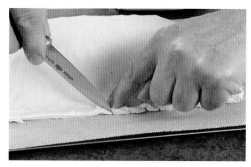

25. 사방을 빙 둘러 손이나 핀셋으로 집어 무늬를 내준다.

26. 익히기 전 냉장고에 넣어둔다(가능하면 2시간 정도).

**WHY?**

냉장 휴지를 하면 푀유테 반죽이 더 똑바로 부풀게 되며 너무 과도하게 발효되는 것을 방지해준다.

**27.** 오븐에 넣기 바로 전, 달걀물을 발라준다. 표면에 10cm 간격으로 칼끝이나 깍지로 공기구멍을 뚫어준다. 윗면에 원하는 장식을 만들어 붙여도 좋다.

**28.** 220℃로 예열해 뜨거워진 오븐팬에 쿨리비악을 놓고 오븐에 넣는다. 45분간 굽는다.

■ **WHY?**

오븐에서 예열된 뜨거운 오븐팬에 쿨리비악을 놓고 구워야 바로 조리가 시작되며 특히 푀유타주 바닥 시트가 바로 익는다.

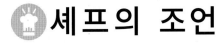

## 셰프의 조언

■ 쿨리비악은 그 자체로서 하나의 요리다. 뜨겁게 서빙할 때는 뵈르 블랑 소스(▶ p.362 레시피 참조)나 홀랜다이즈 소스(▶ p.349 레시피 참조)를 곁들인다. 경우에 따라 차갑게 먹기도 한다.

■ 종류를 불문하고 반죽 시트 베이스의 모든 요리는 오븐에서 꺼낸 즉시 작업대에 바로 놓지 말고 망 위에 올려야 하며 필요한 경우 몇 분간 휴지시켜야 한다. 이 과정을 거쳐야 익힘이 비로소 완성된다.

■ 러시아의 전통 쿨리비악(coulibiac 또는 koulibiak) 레시피에서는 푀유타주 반죽이 아닌 브리오슈 반죽과 베지가(vésiga)를 사용한다. 베지가는 철갑상어 척추 골수로 다량의 콜라겐이 포함되어 있어 젤라틴처럼 반죽에 부드럽고 쫀득한 식감을 더해주지만 프랑스에서는 구하기 어렵다. 대신, 버터가 풍부하게 들어간 푀유타주 반죽을 사용하면 부드럽고 촉촉한 식감의 파테 앙 크루트를 만들 수 있다.

# 프로방스식
# 속을 채운 노랑촉수

LE ROUGET FARCI À LA PROVENÇALE

**6인분**

준비 및 조리(전기레인지 조리
  포함) : **1시간 ~ 1시간 30분**
조리(오븐) : **9분**

**도구**
꼬챙이(선택)
분쇄기 또는 절구와 공이

## ■ 재료

노랑촉수(각 300g짜리) 6마리
올리브오일

**소 재료**
마늘 2톨
적양파 1개
홍피망 1개
노랑피망 1개
작은 주키니호박 1개
가지 작은 것 1개
생 토마토 4개

니스산 블랙올리브 12개
올리브오일
소금
에스플레트 고춧가루
후추
타임
바질 잎 12장
생선살(노랑촉수, 서대, 도미 등)
  100g
생크림 100g
파스티스(pastis) 50ml

**소스**
올리브오일
노랑촉수 가시 뼈
마늘 1톨
샬롯 1개
타임 1줄기
토마토 1개 + 토마토 4개의 속과
  껍질
파스티스 50ml
물
소금
후추

## ● 노랑촉수 준비하기

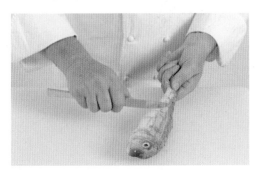

1. 노랑촉수의 비늘을 긁어 제거한다.

2. 아가미 쪽으로 내장을 빼낸 뒤 흐르는 물에
재빨리 헹군다.

3. 등쪽으로 칼집을 넣고 나비처럼 벌려 가시
뼈를 제거한다. 머리와 꼬리 부분은 붙어 있
는 상태로 둔다. 양쪽 필레를 가시에 바짝 붙
여 자른 뒤 중앙의 가시를 떼어낸다. 가시는
소스용으로 보관한다.

4. 가시 뼈를 제거한 생선의 핏자국과 불순물
을 깨끗이 닦아낸 뒤 면포에 놓고 냉장고에
보관한다.

## ■ 유용한 팁!

꼬챙이를 이용하여 먼저 아가미 쪽으로 내장을
제거해도 된다. 특히 노랑촉수를 물에 너무 오
래 씻지 않도록 주의한다.

## ● 소 재료 준비하기

5. 마늘의 껍질을 벗긴 뒤 반으로 갈라 싹을 제거하고 잘게 다진다. 적양파의 껍질을 벗기고 잘게 썬다(▶ p.402 기본 테크닉, 양파/샬롯 잘게 썰기 참조).

6. 피망의 꼭지를 떼어내고 반으로 갈라 속과 씨를 제거한 뒤 브뤼누아즈(brunoise)로 잘게 썬다(▶ p.405 기본 테크닉, 브뤼누아즈 썰기 참조).

7. 주키니호박과 가지의 양끝을 자른 뒤 각각 브뤼누아즈로 썬다.

8. 토마토의 껍질을 벗긴다(▶ p.404 기본 테크닉, 토마토 껍질 벗기기 참조). 토마토 과육을 사방 1cm 주사위 모양으로 썬다. 속과 껍질은 소스용으로 보관한다.

9. 올리브의 씨를 뺀 다음 굵직하게 썬다.

10. 소테팬이나 코코트 냄비에 올리브오일을 조금 달군 뒤 적양파와 다진 마늘을 넣고 수분이 나오도록 볶는다.

11. 소금과 에스플레트 고춧가루를 넣어 간한다.

12. 피망을 넣고 수분이 나오도록 볶는다. 소금, 후추로 다시 간한다.

13. 가지, 타임(잎만 떼어내 뿌린다), 깍둑 썬 토마토를 넣고 5분 정도 뭉근히 익힌다.

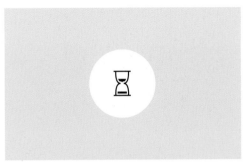

**14.** 이 라타투이를 190℃로 예열한 오븐에 넣어 15~20분간 익힌다. 이 시간 동안 익혀도 아직 수분이 많이 남아 있는 경우에는 다시 불에 올리고 계속 저어가며 익혀준다.

■ **유용한 팁!**
완성된 라타투이는 거의 수분이 없어질 정도가 되어야 한다.

**15.** 다 익힌 라타투이를 식힌다.

**16.** 브뤼누아즈로 썬 주키니호박을 끓는 물에 넣어 3분간 데친다.

**17.** 망에 건져 바로 얼음물에 식힌다.

**18.** 완전히 식은 라타투이에 주키니호박을 넣어준다. 블랙올리브와 잘게 썬 바질을 넣고 잘 섞는다.

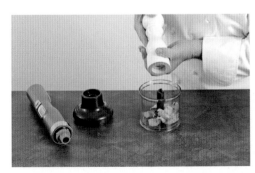

**19.** 생선살 100g에 소금과 에스플레트 고춧가루를 조금 넣어 간한 뒤 분쇄기로 간다(또는 절구에 찧는다).

**20.** 여기에 생크림 100g을 넣고 살살 혼합한다.

■ **유용한 팁!**
생선살을 깨끗이 닦아 사용한 경우 체에 긁어내리지 않아도 된다. 반대의 경우 체에 곱게 긁어내리면 가는 근막이나 불순물 등을 제거할 수 있다.

**21.** 곱게 간 생선살을 채소 혼합물에 넣고 잘 섞는다.

**22.** 파스티스 50ml를 넣는다. 간을 맞춘다.

## 조립하기, 익히기

**23.** 소스팬에 올리브오일을 달군 뒤 생선 가시 뼈와 다진 마늘, 잘게 썬 샬롯을 넣고 볶는다. 수분이 나오고 약간 노릇해질 때까지 볶는다.

**24.** 타임(잎만 떼어서 넣는다), 토마토 속과 껍질, 약간의 물을 넣고 토마토 한 개를 썰어 넣는다.

**25.** 나머지 파스티스 50ml를 넣는다.

**26.** 15분 정도 끓인다.

**27.** 원뿔체에 넣고 국자로 꾹꾹 눌러가며 거른다. 간을 맞춘다.

**28.** 다시 소스팬에 넣고 시럽 농도가 되도록 약 10분 정도 졸인다.

29. 노랑촉수를 배쪽이 아래로 오게 놓고 등쪽을 주머니처럼 벌린다. 종이타월로 살을 닦아준다. 소금과 에스플레트 고춧가루로 살에 간을 한다.

30. 라타투이와 생선살로 만든 소를 생선에 채우고 스패츌러로 매끈하게 마무리한다.

### ■ **유용한 팁!**

스패츌러를 흐르는 찬물에 한 번 적셔 사용하면 소에 달라붙지 않고 매끈하게 표면을 다듬을 수 있다.

31. 머리와 꼬리 쪽을 주방용 실로 각각 한 땀씩 꿰매거나 묶어 익히는 동안 생선이 벌어지지 않도록 한다.

32. 유산지를 깐 오븐팬에 속 채운 노랑촉수를 올리고 올리브오일을 조금 뿌린다.

33. 190℃로 예열한 오븐에서 9분간 익힌다. 소스를 곁들여 바로 서빙한다.

##  셰프의 조언

■ 사이즈가 큰 노랑촉수나 붉은 쏨뱅이, 도미 등의 생선을 준비했다면 '로스트(rôtis)'보다는 '브레이징(braisés)' 방식으로 조리하는 것을 권장한다(▶p.128 브레이징한 대문짝넙치 레시피 참조).

■ 이 노랑촉수 요리에는 올리브오일을 넣은 감자 퓌레 또는 채소 바얄디(▶p.318 레시피 참조)를 곁들이면 좋다.

# 부야베스

LA BOUILLABAISSE

**6인분**

준비 및 조리 : **약 2시간**
마리네이드 : **최소 3시간**

**도구**
퓌레용 그라인더

■ **재료**

생선 2kg(쏨뱅이, 성대, 붕장어,
　달고기, 붉은 쏨뱅이, 날개횟대
　등)
올리브오일
사프란 몇 가닥
소금
후추

**생선 수프**
마늘 5톨
양파 2개
리크 2대
완숙 토마토 6개
바질 1/2단
오렌지 2개
올리브오일

작은 잡어와 게 2.5kg
파스티스 200ml
사프란 몇 가닥
타임
월계수 잎

## ● 생선 마리네이드하기

1. 부야베스 주재료로 사용될 생선들을 씻어
손질한다. 우선 지느러미를 잘라낸다.

2. 꼬리를 끊고 칼로 비늘을 긁어낸다.

3. 생선의 내장을 제거한다.

4. 생선에 올리브오일을 고루 바르고 사프란
몇 가닥을 넣어준다.

5. 냉장고에 넣어 최소 3시간 재워둔다.

■ **유용한 팁!**
일반적으로 생선을 통째로 익힌 뒤 잘라 서빙한
다. 하지만 사이즈가 큰 경우 필레를 뜬 다음 가
시를 제거하고 익히기도 한다. 이 경우 대가리
와 가시 뼈들은 수프용으로 사용한다.

## ● 생선 수프 만들기

6. 마늘과 양파의 껍질을 벗긴다, 마늘은 다 지고 양파는 잘게 썬다(▶ p.402 기본 테크닉, 양파/샬롯 잘게 썰기 참조).

7. 리크를 씻어 송송 썬다.

8. 토마토의 꼭지를 떼어낸 다음 다진다.

9. 바질을 잘게 썬다(▶ p.400 기본 테크닉, 허브 잘게 썰기 참조).

10. 오렌지 1/4개 분량의 껍질을 얇게 벗겨낸다. 쓴맛이 나는 흰 부분은 잘라낸다.

11. 소테팬에 올리브오일을 두르고 잘게 썬 양파와 리크를 볶는다. 살짝 노릇해질 때까지 익힌다.

12. 다른 냄비에 올리브오일을 두르고 잡어와 작은 게를 몇 분간 볶는다. 이어서 따로 보관해둔 생선 대가리와 가시가 있으면 넣어준다.

13. 파스티스를 넣어 디글레이징한다.

14. 볶아둔 양파, 리크와 다진 마늘을 넣어준다.

15. 다진 토마토, 사프란, 타임, 월계수 잎, 바질 잎을 넣는다.

16. 재료의 높이만큼 물을 넣어준다.

17. 오렌지즙 2개분, 준비해 둔 오렌지 껍질을 넣어준다.

# 중요한 포인트

▶ 생 오렌지 껍질을 저며 사용할 경우 안쪽 흰 부분이 하나도 남지 않도록 꼼꼼히 제거해야 한다.

▶ 쓴맛을 줄이려면 오렌지 껍질을 하루 전에 건조한 곳에 두어 말린 상태로 사용하는 것이 이상적이다.

18. 간을 한 다음 30분간 끓인다.

19. 수프가 완성되면 퓌레 그라인더(눈이 굵은 절삭망 장착)에 넣고 돌려 갈아준다.

20. 이어서 굵은 망의 원뿔체에 넣고 걸러준다. 수프를 블렌더로 갈면 뿌옇게 될 우려가 있으므로 피하는 것이 좋다.

## ● 생선 익히기, 플레이팅

**21.** 준비된 생선을 적당량의 수프에 넣고 익힌다. 준비한 생선 종류와 크기에 따라 최적의 익힘 상태가 되도록 시간차를 두고 익힌다.

### ■ **유용한 팁!**

갑각류 해산물이나 홍합 등을 넣을 경우에도 각각의 재료에 따라 같은 방법으로 알맞게 익힌다.

**22.** 생선에 함께 익힌 수프를 끼얹어 서빙한다. 나머지 수프는 뜨겁게 따로 담아낸다.

# 🍳 셰프의 조언

■ 부야베스는 프로방스가 원조인 요리로 만드는 방법이 다양하다. 부야베스라는 이름은 원래 모든 생선을 함께 익히다가 '끓으면 불을 줄인다 (ça bout, on baisse)'라는 뜻의 말에서 유래했다.

■ 좀 더 깊은 맛과 섬세한 서빙을 위해 이 레시피에서는 잡어와 게 등을 사용한 생선 수프를 먼저 끓인 뒤 주재료 생선을 그 수프 안에 넣고 익히는 방식을 택했다.

■ 오늘날 부야베스는 종종 생선과 홍합, 주름꽃게 심지어 문어 등을 넣어 만든다. 하지만 원조 레시피에서는 각종 잡어와 줄낚시로 잡은 생선들만 사용했다.

■ 감자를 이 생선 수프에 익혀 곁들이면 좋다. 루이유(rouille) 소스와 마늘을 문지른 크루통을 곁들이기도 한다.

# '엘리제'
# 가리비 요리

LES SAINT-JACQUES ÉLYSÉE

**6인분**

준비 : **15분**
휴지 : **12시간**
조리 : **6분**

**도구**
트러플 슬라이서

■ **재료**

송로버섯(각 25g짜리) 3개
가리비 살 18마리 분
버터 25g
올리브오일
소금
후추

---

● **가리비 조개 준비하기**

1. 송로버섯을 얇게 슬라이스한다.

2. 가리비 살의 두툼한 부분에 가로로 2개의 칼집을 낸다.

■ **유용한 팁!**
송로버섯 슬라이스를 끼워 넣을 수 있을 정도로 깊숙이 칼집을 내준다.

---

# 중요한 포인트

▶ 가리비 조개를 껍질 째 구입한 경우 다음과 같이 손질한다. 우선 조개 껍데기를 열어 살을 꺼낸 뒤 너덜너덜한 자투리를 떼어내고 깨끗이 씻는다. 생식소를 떼어낸 뒤 면포에 얹어 남은 수분을 제거하고 랩은 씌우지 않는다. 또는 이미 살만 발라놓은 가리비를 구입한다.

▶ 이 레시피에는 사이즈가 큰 가리비 살이 필요하다. 좀 더 사이즈가 작은 경우 1인당 4개씩 서빙한다.

3. 칼집 낸 가리비 살에 송로버섯 슬라이스를 한 장씩 끼워 넣는다.

4. 냉장고에 넣어둔다(가능하면 12시간 정도).

**■ 유용한 팁!**
이 준비과정은 미리 해놓는 게 좋다. 냉장고에 넣어두면 송로버섯 향이 가리비 살에 충분히 배어들어 맛이 훨씬 좋아진다.

## ● 익히기

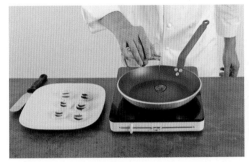

5. 팬에 살짝 기름을 두르고 버터를 녹인다.

6. 가리비에 소금을 뿌리고 노릇한 색이 나도록 양면을 각각 3분씩 지진다.

7. 불에서 내리고 후추를 뿌린 뒤 바로 서빙한다.

##  셰프의 조언

■ 이 가리비 요리에는 뵈르 블랑 소스(▶ p.362 레시피 참조)를 곁들인다. 소스에 송로버섯 자투리를 다져 넣거나 가리비를 지진 팬에 발사믹 식초를 넣어 디글레이징한 즙을 섞어준다.

■ 가리비는 절대 다시 데우지 않는다. 살이 마르고 질겨지니 주의한다. 너무 양이 많아 남은 경우에는 차라리 다음 날 비네그레트 소스와 샐러드를 곁들여 차갑게 먹는 것을 추천한다.

# 가금육

# 로스트 치킨

LE POULET RÔTI

**4인분**

조리 : **20분~30분**
조리(오븐) : **45분~1시간**

**도구**
주방용 실
주방용 바늘

### ▓ 재료

자연 방사 토종닭
  (약 1.2~1.4kg짜리) 1마리
양파 1개
샬롯 1개
마늘 3톨
식용유

오리 기름 50g
월계수 잎 1/2장
타임 몇 줄기
게랑드 소금(sel de Guérande)
후추

## ● 닭 손질하기

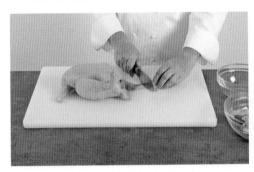

1. 닭은 조리하기 최소 1시간 전에 냉장고에서 꺼내둔다. 닭의 발과 대가리를 잘라내고 손질한다(▶ p.422 기본 테크닉, 가금육 손질하기 참조).

2. 닭의 내장을 제거한다. 간과 쓸개를 분리하고 모래주머니를 떼어내 기름을 제거한 뒤 갈라서 뒤집는다. 염통도 빼낸다.

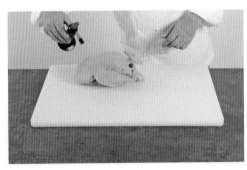

3. 토치로 표면을 그슬려 깃털 자국과 잔털을 제거한다.

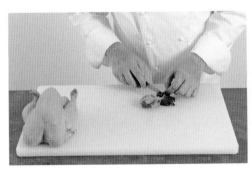

4. 먹을 수 있는 내장부위(간, 모래주머니, 염통)는 씻어서 따로 보관한다.

5. 목살을 잘라내지 않도록 주의하며 껍질을 들어낸 다음 V자 모양의 가는 용골뼈(위시본)를 제거한다.

### ▓ WHY?
용골돌기(bréchet)는 V자 모양의 작고 가는 뼈다. 닭을 익히기 전 이 뼈를 제거하면 가슴살이 더 조여들어 쫀쫀해지며 로스트 치킨을 더 쉽게 자를 수 있다.

**6.** 양파와 샬롯, 마늘의 껍질을 벗긴다. 양파
와 샬롯을 반으로 자른다.

**7.** 양파, 샬롯, 마늘과 내장, 오리 기름 50g을
닭 안에 채워 넣는다.

**8.** 월계수 잎 1/2장과 타임 몇 줄기를 넣어
준다.

# 중요한 포인트

▶ 로스팅 팬에 감자를 몇 개 넣고 닭과 같이 익혀도 좋다. 오리 기름 또는 돼지
기름을 넣으면 안쪽 살을 더욱 촉촉하게 익힐 수 있다.

▶ 올리브오일을 사용할 경우 닭 안에 이 기름만 넣어준다. 버터는 조리 중 탈
염려가 있으니 절대 첨가하지 않는다. 버터는 130℃에 달하면 연기가 나면서
독성 물질을 배출하며 177℃에서는 탄다.

**9.** 소금, 후추로 간한다.

**■ 유용한 팁!**
후추는 조리 중 타기 쉬우니 겉면에는 뿌리지
않는다.

**10.** 조리용 실과 바늘을 사용해 닭을 꿰매어
묶어준다(▶ p.424 기본 테크닉, 가금육 실로 묶
기 참조).

## ● 익히기

**11.** 오븐을 190℃로 예열한다. 로스팅 팬에 닭을 한쪽 측면으로 뉘어 놓고 기름을 넉넉히 바른다. 오븐에 넣는다.

**12.** 10분 후, 닭의 위치를 돌려 반대 쪽 측면으로 놓는다. 껍질이 찢어지지 않도록 주의하고 흘러내린 기름을 충분히 끼얹어준다.

**13.** 10분 후, 닭의 등 쪽이 아래로 가도록 위치를 바꿔준다. 닭이 고르게 노릇한 색이 나고 촉촉하게 익을 수 있도록 흘러내린 기름을 최대한 자주 끼얹어준다.

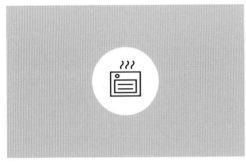

**14.** 닭의 크기에 따라 총 45~60분간 굽는다.

**15.** 다 익은 로스트 치킨을 오븐에서 꺼낸다.

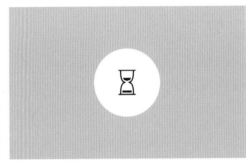

**16.** 가슴이 아래로 오도록 놓고 다리는 위로 올라오게 한 상태로 15분 정도 레스팅한다.

## ● 닭 자르기

**17.** 우선 양쪽 다리를 잘라낸다.

**18.** 이어서 날개를 자른다.

**19.** 마지막에 가슴살을 잘라낸다.

# 셰프의 조언

▓ 살이 통통한 토종닭을 준비한다. 정육점에서 손질하여 로스트용으로 묶어 둔 닭을 구입해도 된다. 손질 안 된 닭을 구입한 경우에는 이 책에 나오는 기본 테크닉을 참조하여 직접 묶는 작업을 한다.

▓ 식은 닭을 보관할 경우에는 다시 익힐 때 식용유만을 사용한다. 오리 기름은 넣지 않는다.

# 풀 오 포

LA POULE AU POT

**6인분**

준비 : **40분**
조리 : **3시간**

### ▓ 재료

당근 6개
큰 사이즈의 양송이버섯 6개
양파 3개
셀러리악 1개
리크 3대
품질 좋은 닭 1마리
굵은 소금

통후추
정향 1개
주니퍼베리 3알
마늘 1통
타임
월계수 잎

## ● 재료 준비하기

**1.** 당근, 양송이버섯, 양파, 셀러리악의 껍질을 벗긴 다음 굵직하게 썬다.

**2.** 리크를 씻은 뒤 자른다.

### ▓ 유용한 팁!
리크를 씻을 때는 녹색 부분을 잘라낸 다음 흰대까지 길게 4등분하여 사이사이에 있는 흙을 깨끗이 씻어낸다.

**3.** 닭을 손질한다(▶ p.422 기본 테크닉, 가금육 손질하기 참조).

**4.** 손질한 닭을 실과 바늘로 꿰매 묶어준다 (▶ p.424 기본 테크닉, 가금육 실로 묶기 참조).

### ▓ 유용한 팁!
정육점에서 닭 손질을 부탁한 뒤 구입해도 좋다.

## ● 익히기

**5.** 코코트 냄비에 닭을 넣고 찬물을 잠기도록 붓는다. 소금은 넣지 않는다. 또는 거의 간이 되지 않은 닭 육수를 붓는다.

**6.** 끓을 때까지 가열한다. 표면에 뜨는 거품 과 불순물을 걷어낸다.

■ **유용한 팁!**

이 요리를 '풀 오 포(poule au pot, 단지에 끓인 닭)'라고 하는 것은 전통적으로 토기로 만든 단지 에 뚜껑을 덮고 완전히 봉해 끓였기 때문이다. 오 늘날에는 식사 인원수에 맞춰 적당한 크기의 무 쇠 코코트 냄비에 끓이는 것이 일반적이다.

**7.** 굵은 소금으로 간한다.

**8.** 통후추, 정향, 주니퍼베리를 넣어준다.

**9.** 큼직하게 썰어둔 채소와 마늘을 넣는다.

**10.** 타임과 월계수 잎을 넣는다.

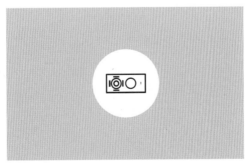

**11.** 뚜껑을 덮고 약불에서 혹은 180℃ 오븐 에서 3시간 동안 끓인다. 재료를 국물과 함께 따뜻한 온도로 한 김 식힌다. 약간 우묵한 플 레이트에 닭고기와 채소를 고루 담는다. 국물 은 기름기를 제거한 뒤 따로 담아 서빙한다.

# 🍳 셰프의 조언

▨ 이 국물을 맑게 정화(clarifier)하면 콩소메로 사용할 수 있다. 이 닭 콩소메로 필라프 라이스(▶ p.307 레시피 참조)를 만들어 풀 오 포에 곁들이면 아주 좋다.

▨ 이 요리에는 소스 크렘(sauce crème) 또는 머스터드를 곁들인다. 송로버섯을 추가해도 좋다.

▨ 경우에 따라 큰 암탉(poule) 대신 살찌운 암 영계인 '풀라르드(poularde)'를 사용해도 좋다(이 경우 익히는 시간은 2시간이면 충분하다).

▨ 닭이 익으면 국물에 푹 잠겨 있도록 뚜껑을 덮어둔다. 이 요리는 미리(몇 시간 전) 만들어 놓아도 된다.

▨ 이 가금육 요리는 냉장고에 절대 넣어두지 않는다. 살이 수축되고 가슴살이 말라 뻑뻑해질 수 있다. 저녁 메뉴의 경우 당일 오전에 만드는 것이 가장 좋다.

# 닭고기 쇼 프루아

LE CHAUD-FROID DE VOLAILLE

**6인분**

준비 및 조리(전기레인지) :
  **2시간**

**도구**
망이 있는 바트

## ▦ 재료

당근 1개
리크 1대
양파 1개
큰 사이즈의 양송이버섯 2개
셀러리 1/2줄기
큰 사이즈의 토종닭(1.5kg)
  1마리
또는 작은 닭 2마리
닭 육수(선택)
굵은 소금

통후추
정향 2개
주니퍼베리 2알
타임
월계수 잎

**즐레(Gelée)**
닭 콩소메 또는 닭 익힌 국물
  500ml
판 젤라틴 30g(15장)

**쇼 프루아 소스**
닭 콩소메 또는 닭 익힌 국물
  500ml
옥수수 전분(Maïzena) 55g
액상 생크림 150ml
젤라틴 26g(13장)

## ● 재료 준비하기

**1.** 당근, 리크, 양파, 버섯, 셀러리의 껍질을 벗기고 씻는다. 굵직하게 깍둑 썬다(▶ p.408 기본 테크닉, 미르푸아 썰기 참조).

**2.** 닭을 손질한 뒤 코코트 냄비에 넣는다(▶ p.422 기본 테크닉, 가금육 손질하기 참조).

▦ **유용한 팁!**
정육점에서 닭 손질을 부탁한 뒤 구입해도 좋다.

## ● 익히기

**3.** 찬물을 잠기도록 붓는다. 소금은 넣지 않는다. 또는 거의 간이 되지 않은 닭 육수를 붓는다.

**4.** 끓을 때까지 가열한다. 표면에 뜨는 거품과 불순물을 걷어낸다.

**5.** 굵은 소금으로 간한다. 통후추, 정향, 주니퍼베리를 넣는다.

**6.** 준비한 채소를 넣어준다.

**7.** 타임과 월계수 잎을 넣는다.

**8.** 뚜껑을 덮는다.

■ **유용한 팁!**
표면에 뜨는 거품을 꼼꼼히 건져야 불순물이 제거되어 맑고 깨끗한 국물을 낼 수 있다.

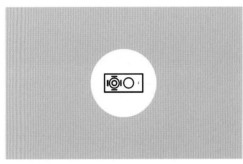

**9.** 국물이 너무 증발되지 않도록 뚜껑을 덮고 약불에서 1시간 정도 끓인다. 닭이 익으면 불을 끄고 국물과 함께 그대로 식힌다.

● **즐레 만들기**

**10.** 판 젤라틴 15장을 찬물에 담근다.

**11.** 닭을 끓인 국물을 조금 덜어낸 뒤 물에 불린 젤라틴을 꼭 짜서 넣어준다.

**12.** 거품기로 저어 섞는다.

## ● 쇼 프루아 소스

**13.** 닭 익힌 국물 500ml를 덜어내 소스팬에 넣는다.

**14.** 옥수수 전분에 물을 1~2테이블스푼을 넣어 풀어준 다음 소스팬에 넣고 농도를 내준다.

**15.** 약불에서 저으면서 몇 분간 끓인 뒤 생크림을 넣어준다.

**16.** 불에서 내린 뒤 간을 한다. 미리 찬물에 담가 불려둔 판 젤라틴 13장을 꼭 짜서 넣고 잘 녹여 섞는다.

**17.** 소스를 원뿔체에 거른다. 블렌더로 갈거나 거품기로 휘저으면 안 된다.

### ▦ WHY?

블렌더로 갈면 겔화성이 떨어질 수 있으며 거품기로 세게 휘저으면 공기가 주입되기 때문이다.

## ● 글라사주, 플레이팅

**18.** 쇼 프루아 소스를 볼에 덜어내 얼음 위에 놓고 잘 저어가며 균일하게 걸쭉한 농도로 만든다.

**19.** 닭을 꺼내 토막으로 자른다. 뼈는 제거하지 않는다.

**20.** 닭 토막의 껍질을 벗긴 뒤 바트 망 위에 올린다.

**21.** 쇼 프루아 소스를 끼얹어 덮는다. 휴지 시킨 뒤 다시 한 겹 소스를 덮어준다.

 **유용한 팁!**
소스가 모자라는 경우 바트 안에 흘러내린 소스를 모아 다시 데운 뒤 사용하면 된다.

**22.** 닭에 즐레를 끼얹어 얇게 두 번 씌워준다. 서빙 접시 바닥에 즐레를 깐 다음 쇼 프루아 닭 토막을 올린다.

## 🍳 셰프의 조언

■ 이 요리에 닭 가슴살만을 사용하는 경우에는 맑은 닭 콩소메로 쇼 프루아 소스를 만든다. 이 경우 닭 가슴살은 64℃에서 45분간 수비드 저온 조리하는 것이 좋다.

■ 닭 국물에 익힌 채소로 샐러드를 만들어 쇼 프루아 닭 요리에 곁들이면 아주 좋다.

■ 닭에 글레이징을 입히기 전, 송로버섯, 향신료(계피, 커리, 강황 등), 허브(타라곤, 이탈리안 파슬리, 처빌 등) 등으로 무늬를 내어 장식해도 좋다. 또는 쇼 프루아 소스에 이러한 재료를 넣을 수도 있다.

# 스파이스 캐러멜 소스 오리 가슴살

LE MAGRET DE CANARD AU CARAMEL D'ÉPICES

**6인분**

준비 및 조리(전기레인지
   조리 포함) : **35분**
마리네이드 : **6시간**
조리(오븐) : **10분**

**도구**
작은 소스팬
팬 또는 소스팬
집게

## ■ 재 료

오리 가슴살(magrets de
   canard) 3개
오리 육즙 소스(jus) 또는 닭
   육즙 소스 250ml

**마리네이드 양념**
마늘 1톨
생강 20g
샬롯 1개
타임
월계수 잎
간장 50ml
굵은 소금
후추

**소스**
설탕 100g
카트르 에피스(quatre-épices)
  5g
바닐라 빈 1/2줄기
발사믹 식초 50ml

## ● 오리 가슴살 양념에 재우기

**1.** 우선 오리 가슴살의 기름을 칼로 조금 잘라
낸 다음 적당한 크기의 용기에 담는다.

**2.** 마늘로 가슴살 양면을 고루 문질러준다.

### ■ 유용한 팁!

가슴살을 마리네이드 양념에 잘 재우기 위해 너
무 크지 않은 적당한 사이즈의 용기를 선택한다.
기름 껍질은 너무 많이 잘라내면 안 된다. 이 기
름 층이 조리 중 살을 타지 않게 보호하며 촉촉
하게 익도록 해주는 것이다.

**3.** 같은 방법으로 생강을 문질러 준다.

**4.** 샬롯을 잘게 썰어 준비한다(▶ p.402 기본
테크닉, 양파/샬롯 잘게 썰기 참조).

**5.** 타임과 월계수 잎을 넣어준다.

6. 간장을 넣어 준다.

7. 굵은 소금을 약간 넣고 후추를 갈아 넣는다.

8. 양념장을 고루 뿌린다.

9. 랩을 씌워 냉장고에 넣는다.

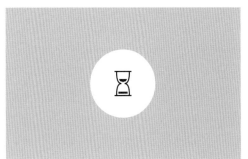

10. 최소 6시간 동안 재운다. 재운 뒤 남은 양념액은 따로 보관한다.

## ● 소스 만들기

11. 소스팬에 설탕을 넣는다.

12. 물을 몇 방울 넣고 가열해 캐러멜 만들기를 시작한다.

13. 뚜껑을 닫고 중간중간 설탕이 덩어리지지 않는지 확인한다.

# 중요한 포인트

▶ 설탕이 덩어리로 뭉치면 캐러멜이 제대로 만들어지지 않는다. 즉 시럽이 고르게 끓지 않아 냄비 가장자리에 설탕 덩어리가 뭉쳐 굳게 된다. 이와 같은 현상을 방지하려면 설탕을 가열할 때 뚜껑을 덮고 시작한다. 시럽이 끓기 시작하면서 수증기가 배출되어 가장자리의 설탕을 떼어내는 효과가 있다. 이 방법을 사용하면 실패하지 않고 캐러멜을 만들 수 있다.

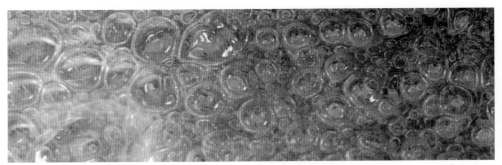

**14.** 캐러멜이 완성되면 한 김 식힌다.

■ **유용한 팁!**
불에서 내린 후에 계속 끓는 것을 중단하려면 뜨거운 냄비 바닥을 찬물에 몇 초간 담가둔다.

**15.** 캐러멜 시럽에 카트르 에피스를 넣고 바닐라 빈 반개를 길게 갈라 긁어 넣는다.

**16.** 발사믹식초를 넣어 디글레이즈한다.

**17.** 오리 가슴살을 재워 두었던 양념액과 오리 육즙 소스(jus), 또는 닭 육즙 소스를 넣어 준다. 시럽 농도의 소스가 될 때까지 졸인다.

## 오리 가슴살 익히기

**18.** 오리 가슴살 기름이 붙은 쪽에 간을 한다.

**19.** 달구지 않은 팬에 오리 가슴살을 기름 쪽 면이 아래로 오게 놓는다.

**20.** 약한 불로 가열해 기름이 녹아 흘러나오도록 한 다음 덜어낸다.

**21.** 불에서 내린 뒤 가슴살의 껍질을 벗겨낸다.

**22.** 가슴살을 다시 팬에 올려 양면을 몇 분간 굽는다. 이어서 오븐용 팬에 담아두어 먹을 때 다시 데울 수 있도록 한다.

### ▐ WHY?

가슴살을 기름이 흥건한 상태에서 익히지 않기 위해 이 과정은 매우 중요하다. 기름이 최대한 녹아나와 껍질이 바삭해진다.

# 중요한 포인트

▶ 흔히 고기는 서빙 바로 전에 살짝 구워야 육즙이 살아 있어 촉촉하게 먹을 수 있다고 생각하지만 이 레시피의 경우는 정반대이다. 고기는 조리를 거친 뒤 내부 근조직에서 뜨거워진 피, 즉 육즙이 다시 고루 퍼지도록 일정 시간 레스팅해주는 과정이 필요하다. 바로 이런 이유 때문에 레스팅하지 않고 바로 고기를 썰면 도마에 피가 흥건하게 흘러나오는 것이다.

▶ 고기 익힘 상태가 레어든 웰던이든 상관없이 언제나 고기를 구운 후에는 레스팅을 하는 것이 좋다. 손님이 도착하기 전에 여유를 두고 오리 가슴살을 미리 초벌로 익혀놓는 것도 가능하다. 서빙 바로 전에 익힘을 완성하면 된다. 이렇게 하면 오히려 온 집 안에 기름 냄새가 퍼지는 것을 막을 수 있다.

## ● 플레이팅

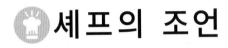

**23.** 캐러멜 소스를 체에 거른다.

**24.** 오리 가슴살을 몇 분간 데운 뒤 기름이 빠져 바삭한 껍질 쪽에 칼을 넣어 조심스럽게 슬라이스한다. 접시에 소스와 함께 보기 좋게 담는다.

### ■ 유용한 팁!
가슴살의 익힘 상태가 보이도록 소스를 고기 단면에 완전히 끼얹는 것은 피한다.

## 🍳 셰프의 조언

■ 플레이팅을 소홀히 하지 말자. 이 과정은 매우 중요하며 바로 플레이팅이야말로 요리사의 개성과 독창성을 표현할 수 있는 좋은 수단이다.

■ 접시 등의 식기를 다양하게 사용해보자. 손님마다 다른 플레이팅을 선보여도 신선하다.

■ 일반적으로 푸아그라 용으로 키운 오리의 가슴살을 지칭하는 '마그레(magret)' 대신 어린 오리의 가슴살을 사용할 경우에는 익히는 시간을 줄여야 한다.

# 미국식 메추리 구이

LES CAILLES GRILLÉES À L'AMÉRICAINE

## 6인분

준비 및 조리(그릴팬
  조리 포함) : **20분~40분**
조리(오븐) : **5분~10분**

## 도구
토치
그릴팬
오븐팬

## ▨ 재료

메추리 6마리
베이컨 500g
중간 크기의 양송이버섯 6개
줄기토마토(각 50g짜리) 6개
식용유
소금
머스터드
빵가루
후추

## ● 메추리 준비하기

1. 메추리를 깨끗이 닦고 토치로 그슬려 깃털
자국이나 잔털을 제거한다.

2. 내장을 제거하고 메추리를 손질한다(▶
p.422 기본 테크닉, 가금육 손질하기 참조).

### ▨ 유용한 팁!
정육점에서 미리 손질 해 놓은 것을 구입해도 된
다. 하지만 내장을 제거하지 않은 메추리를 선택
하는 것이 더 좋다.

3. 메추리 등쪽에 칼을 넣고 머리에서 꽁지까
지 반으로 갈라 벌려준다.

4. 양쪽을 벌려 누르며 메추리를 납작하게 펼
친다.

## ● 가니시 만들기

**5.** 베이컨의 껍질을 잘라낸 뒤 균일한 두께로 슬라이스한다.

**6.** 양송이버섯을 깨끗이 닦은 뒤 밑동을 잘라 낸다.

**7.** 토마토를 씻은 다음 살이 뭉개지지 않도록 주의하며 꼭지를 도려낸다.

## ● 익히기, 플레이팅

**8.** 메추리에 기름을 고루 바르고 소금을 뿌려 간한다.

**9.** 촘촘한 그릴 망이나 뜨거운 그릴 팬에 메추리를 펴놓고 껍질 쪽부터 굽는다.

**10.** 2분 후 메추리를 45도 회전해 위치를 바꿔 놓아 격자 모양 그릴 자국이 나게 굽는다.

**11.** 메추리의 육즙이 빠져나가지 않도록 살을 찌르지 말고 뒤집어 놓는다. 다시 2분간 구운 뒤 꺼내서 오븐팬 위에 놓는다.

**12.** 같은 그릴팬에 양송이버섯을 놓고 그릴 자국이 나도록 살짝 굽는다.

13. 버섯을 꺼낸 다음 그 팬에 토마토를 껍질째 살짝 굽는다.

**■ 유용한 팁!**
각 채소 재료는 완전히 익히지 말고 단 몇 초간 아주 짧게 구워 그릴 자국만 내준다.

14. 베이컨 슬라이스를 올린 뒤 너무 바싹 마르지 않도록 그릴 자국을 내며 굽는다.

15. 메추리의 껍질 쪽에 머스터드를 아주 얇게 발라준다.

16. 그 위에 빵가루를 얇게 뿌린다.

17. 양송이버섯과 토마토에 소금, 후추를 뿌린다. 메추리와 채소, 베이컨을 모두 올린 팬을 200℃로 예열한 오븐에 넣어 5~10분간 굽는다. 바로 서빙한다.

# 셰프의 조언

■ 이 레시피가 '미국식(à l' americaine)'이라고 불리는 이유는 두 가지이다. 우선 메추리를 반으로 갈라 납작하게 조리한 방식, 또 하나는 '아 라메리켄'이라는 요리의 대표적인 가니시인 토마토, 양송이버섯, 베이컨을 곁들였다는 점이다.

■ 전통적으로 이 요리에는 폼 파이유(pommes paille 가늘게 썬 감자튀김) 또는 폼 수플레(pommes soufflées ▶ p.276 레시피 참조)를 곁들인다. 베아르네즈 소스를 함께 내어도 좋다(▶ p.352 레시피 참조).

■ 이 레시피에는 다른 종류의 가금육을 사용해도 된다. 그 경우 그릴팬에 지져낸 다음 오븐에 먼저 익혀둔다. 이어서 서빙하기 10~15분 전에 머스터드를 바른 다음 빵가루를 뿌려서 오븐에 넣어 조리를 완성한다. 바로 이때 양송이버섯, 베이컨, 토마토를 넣어 함께 익히면 된다.

# 푸아그라를 넣은
# 비둘기 쇼송

LE PIGEON AU FOIE GRAS EN CROÛTE

**6인분**

준비 및 조리(전기레인지
   조리 포함) : **35분~50분**
휴지 : **1시간**
조리(오븐) : **18분**

### ▦ 재료

비둘기 3마리
핏줄을 제거한 푸아그라 1덩어리
소금
후추
샬롯 작은 것 1개
마늘 1톨
올리브오일
레드 포트와인 100ml

흰색 닭 육수 500ml
타임
월계수 잎
푀유타주 반죽(직사각형) 1장
흰 참깨 30g
검은 깨 30g
달걀노른자 1~2개분

## ● 푸아그라, 비둘기 가슴살 준비하기

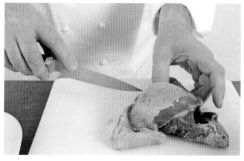

**1.** 이 레시피에서는 비둘기의 가슴살을 사용
한다. 우선 다리는 잘라내 보관해 두었다가
다른 요리에 사용한다(▶ p.422 기본 테크닉,
가금육 손질하기 참조).

**2.** 흉곽에 살짝 칼집을 낸 다음 V자 모양의 가
는 용골뼈를 제거한다. 내장을 빼낸다.

**3.** 가슴살을 잘라낸다.

**4.** 껍질을 벗겨내고 뼈와 자투리, 내장 등은
소스(jus)용으로 보관한다.

**5.** 푸아그라 덩어리를 두 쪽으로 분리한다.

**6.** 두툼하게 총 6조각(큰 덩어리 쪽은 4쪽, 작
은 덩어리는 2쪽)으로 슬라이스한다.

**7.** 비둘기 가슴살 양면에 소금, 후추로 간을 한다. 6조각의 푸아그라에도 마찬가지로 소금, 후추 간을 한다.

**8.** 비둘기 뼈를 작게 썬다.

### ▓ **유용한 팁!**

이렇게 작게 썰면 볶기가 더 쉽다. 가열하는 표면적이 커질수록 요리의 맛이 깊어지고 보기 좋은 색이 난다.

**9.** 샬롯과 마늘의 껍질을 벗긴 뒤 올리브오일을 달군 소테팬에 넣고 볶는다.

**10.** 여기에 비둘기 뼈를 넣고 색이 나도록 5~10분간 함께 볶는다.

**11.** 간을 한다.

**12.** 레드 포트와인을 넣어 디글레이즈한다.

**13.** 닭 육수를 재료 높이만큼 붓는다(▶ p.430 기본 테크닉, 흰색 닭 육수 만들기 참조). 타임과 월계수 잎 작은 조각 한 개를 넣고 끓인다.

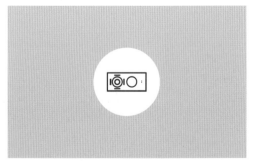

**14.** 시럽 농도가 될 때까지 졸인다.

**15.** 졸인 소스를 원뿔체에 거른다.

**16.** 국자로 꾹꾹 눌러준다.

## ● 크러스트 씌우기

**17.** 푀유타주 반죽을 2mm 두께로 민다.

**18.** 그 위에 흰깨와 검은깨를 고루 뿌린다.

**19.** 통깨가 반죽에 박히도록 밀대로 한 번 밀어준다.

**20.** 반죽을 뒤집어 놓고 3cm 폭의 긴 띠 모양으로 일정하게 자른다.

**21.** 반죽이 잘 붙도록 붓으로 찬물을 띠 위에 발라준다.

### ■ 유용한 팁!
푀유테 반죽의 온도가 높아지게 두면 안 된다.

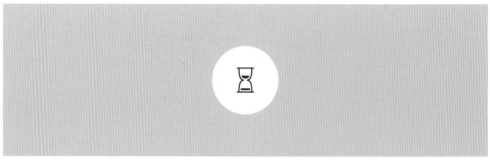

**22.** 준비한 비둘기 가슴살에 푸아그라를 얹은 뒤 푀유테 반죽 띠를 나선 모양으로 말아 감싼다. 반드시 푸아그라가 위로 가게 한다. 반죽 띠는 1~2mm 정도 겹쳐가며 말아 감는다.

**23.** 반죽으로 감싼 비둘기 가슴살을 냉장고에 넣어둔다. 반죽이 어느 정도 단단해질 때까지 최소 한 시간 냉장고에서 휴지시킨다.

**▇ 유용한 팁!**

이 과정을 미리 작업해 두어도 된다(최대 몇 시간 전). 비둘기 살이 날것이기 때문에 너무 오랜 시간이 지나면 피에 반죽이 젖을 수 있으니 주의한다.

## ● 익히기

**24.** 오븐을 230℃로 예열한다. 오븐 안에 함께 예열해 둔 오븐팬에 유산지를 깔고 냉장고에서 꺼낸 쇼송을 나란히 놓는다. 달걀노른자에 약간의 물과 기름 한 방울을 넣어 섞은 뒤 붓으로 쇼송 표면에 발라준다.

**▇ WHY?**

미리 예열된 뜨거운 오븐팬에 놓고 구워야 바로 조리가 시작되며 특히 푀유타주 바닥 부분이 바로 익는다.

**25.** 오븐에서 18분간 굽는다. 오븐에서 꺼내 반으로 자른 뒤 소스를 곁들여 서빙한다.

## 🍳 셰프의 조언

▇ 이 레시피는 과정을 순서대로 잘 따라하면 쉽게 성공할 수 있다. 질식시켜 잡은 비둘기로 특히 가슴살이 통통한 것을 고른다.

▇ 이 레시피에 비둘기 다리도 사용하고자 한다면 마늘 한 톨과 부케가르니를 넣은 올리브오일에 넣고 약불에서 30분 정도 익힌다. 푸아그라 비둘기 가슴살 쇼송에 곁들여 낸다.

▇ 가능하면 진공 포장이 아닌 신선한 생 푸아그라를 구입한다. 색이 희고 손으로 만져보아 탄력이 있으며 얼룩진 멍이나 핏자국이 없이 깨끗한 것으로 고른다.

▇ 명절 등 특별한 식사인 경우, 다진 송로버섯을 비둘기와 푸아그라 사이에 넣어주면 요리의 품격을 한층 더 높일 수 있다.

▇ 40 x 60cm 사이즈의 푀유타주 시트를 사용하는 경우 비둘기 살을 말아 쇼송을 만들 때 반죽을 3cm 폭으로 자른 긴 띠가 두 줄 정도 필요하다.

# 토마토 토끼고기 프리카세

LE FRICASSÉ DE LAPIN À LA TOMATE

**6인분**

준비 및 조리(전기레인지
  조리 포함) : **45분~1시간**
휴지 : **15분**

■ **재 료**

베이컨 100g
샬롯 3개
마늘 1톨
당근 2개
토끼 1마리
올리브오일
강판에 간 생강 10g

세이보리 1줄기
소금
후추
생 토마토 주스 1리터
  또는 블렌더에 간 토마토 1kg
식용유

● **재료 준비하기**

**1.** 베이컨을 주사위 모양으로 썬다.

**2.** 샬롯을 잘게 썬다(▶ p.402 기본 테크닉, 양
파/샬롯 잘게 썰기 참조).

**3.** 당근을 씻어 껍질을 벗긴 뒤 브뤼누아즈로
작게 깍둑 썬다(▶ p.405 기본 테크닉, 브뤼누
아즈 썰기 참조).

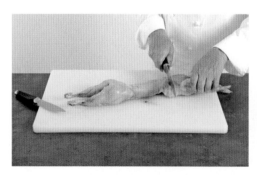

**4.** 토끼를 크게 6토막 낸다. 우선 어깨를 몸통
에서 잘라낸 다음 분리한다.

**5.** 이어서 허리 부분과 다리 사이를 자른다.

**6.** 발은 잘라낸다.

**7.** 마지막으로 몸통 허리를 두 토막으로 자른다.

■ **유용한 팁!**

정육점에서 미리 손질한 것이 아닌 경우, 간과 머리도 제거한다.

## ● 토끼고기 익히기

**8.** 소테팬에 올리브오일을 두른 뒤 잘게 썬 샬롯, 브뤼누아즈로 썬 당근, 곱게 간 생강, 깍둑 썬 베이컨, 다진 마늘을 넣어 볶는다.

**9.** 세이보리 한 줄기를 넣는다. 소금, 후추로 간한다.

**10.** 전체적으로 노릇한 색이 나면 토마토 주스 500ml를 붓는다.

**11.** 약불로 끓인다.

**12.** 다른 소테팬에 올리브오일을 달군 뒤 밑간 한 토끼고기를 넣어 지진다. 어깨 부위가 노릇하게 익는 데 가장 시간이 오래 걸리므로 제일 먼저 넣어준다.

**13.** 이어서 다리를 넣고 마지막으로 허리 부위를 넣어준다. 이 부위는 몇 분이면 노릇한 색이 난다.

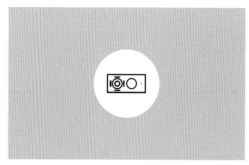

**14.** 나머지 토마토 주스를 조금씩 넣어주며 익힌다. 토끼고기 토막이 자작하게 잠긴 상태로 익어야 한다.

**15.** 뚜껑을 닫고 수분이 완전히 없어질 때까지 익힌다. 조리시간(중불 기준)이 20~25분을 초과하면 안 된다.

 **셰프의 조언**

■ 토끼고기가 익으면 뚜껑을 덮은 상태로 최소 15분간 레스팅한 뒤 소스를 곁들여 서빙한다. 실제로 레스팅 과정을 거치면 고기를 더욱 연하고 촉촉하게 즐길 수 있다.

# 육류

# 뵈프 부르기뇽

LE BŒUF BOURGUIGNON

## 6인분

준비 및 조리(전기레인지
  조리 포함) : **30분(하루 전) +
  30분(당일)**
마리네이드 : **24시간**
조리(오븐) : **3시간**

## 도구
소테팬
집게

## ■ 재료

소고기 1kg(각 60~80g 조각으로
  자른다)
식용유
소금
후추
방울양파(또는 줄기양파) 12개
당근 3개
양송이버섯 6개
베이컨(굵직한 라르동 모양으로
  썬다) 150g

밀가루 50g
생 토마토 1kg 또는
  토마토페이스트 1테이블스푼
  (계절에 따라 선택)

**마리네이드 양념**
당근 3개
양파 2개
셀러리 1줄기
양송이버섯 4개
마늘 1톨
부르고뉴 와인 2병
코냑 100ml
타임
월계수 잎

## ● 고기 재우기(하루 전)

1. 당근, 양파, 셀러리의 껍질을 벗기고 씻
은 뒤 미르푸아(mirepoix)로 깍둑 썬다(▶
p.408 기본 테크닉, 미르푸아 썰기 참조).

2. 양송이버섯의 갓과 밑동을 분리해 자른다.
버섯 갓은 가니시용으로 보관하고 밑동은 재
움 소스용으로 썬다.

### ■ 유용한 팁!
버섯은 물에 담가 씻지 말고 살살 닦아주어야
검게 변하는 것을 막을 수 있다.

3. 마늘의 껍질을 벗긴 뒤 반으로 자른다.

4. 안쪽의 싹을 제거한 뒤 칼등으로 짓이긴다.

### ■ 유용한 팁!
마늘을 프레스로 눌러 다지는 것보다 잘라서 싹
을 제거하고 짓이겨 사용하는 쪽이 쓴맛을 줄이
는 데 더 효과적이다.

**5.** 기름을 달군 소테팬에 소고기 조각을 넣는다.

■ **유용한 팁!**
정육점에서 고기를 손질하고 적당한 크기로 잘라온다.

**6.** 소금, 후추로 간한다.

**7.** 뜨거운 기름에 고기를 지져 갈색을 낸다.

**8.** 몇 분간 고루 지진 뒤 집게로 고기를 건져 유리볼에 담아둔다.

**9.** 고기를 지진 소테팬에 다시 기름을 두른다.

**10.** 미르푸아로 썰어둔 채소를 소테팬에 모두 넣고 노릇한 색이 나게 볶는다.

**11.** 부르고뉴 레드와인 반 병을 부어 디글레이즈한다.

**12.** 마늘을 첨가한다.

**13.** 마리네이드용 채소가 완성되면 유리볼 안의 소고기에 붓는다.

**14.** 나머지 레드와인을 붓는다.

**15.** 코냑을 넣는다.

**16.** 타임, 월계수 잎을 넣는다.

**17.** 랩을 씌워 냉장고에 넣는다. 재료에 와인 색이 들 때까지 24시간 재운다.

## ● 익히기(당일)

**18.** 재워둔 고기를 건져 다른 볼에 담는다.

**19.** 채소 건더기도 건져내 따로 보관한다.

**20.** 방울양파(또는 줄기양파), 당근, 버섯의 껍질을 벗기고 씻은 뒤 굵직하게 썬다.

**21.** 코코트 냄비를 달군 뒤 베이컨을 넣어 볶는다.

**22.** 썰어둔 채소를 넣고 베이컨 기름에 함께 볶는다.

**23.** 밀가루를 솔솔 뿌리고 고루 섞으며 볶는다(밀가루가 로스팅되도록 오븐에 몇 분간 넣어두어도 좋다).

**24.** 그 위에 고기 조각을 넣고 뭉근히 익힌다.

**25.** 마리네이드했던 양념액을 다른 냄비에 넣고 끓여 표면에 떠오르는 거품과 불순물을 걷어낸다.

**26.** 불을 붙여 플랑베한다.

**27.** 플랑베한 마리네이드 액을 체에 거르며 뭉근히 익고 있는 고기에 붓는다.

**28.** 거품을 다시 꼼꼼히 걷어낸다.

**29.** 토마토를 잘라 속과 씨를 제거한 뒤 고기 냄비에 넣는다. 또는 토마토 페이스트를 1테이블스푼 넣어준다.

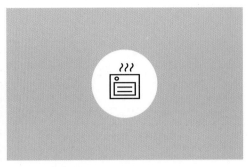

**30.** 재료의 높이만큼 물을 붓는다.

■ **유용한 팁!**

포토푀 육수, 갈색 고기 육수 또는 로스트 육즙
소스(jus) 등을 넣어 국물을 잡아도 좋다.

**31.** 뚜껑을 덮고 180℃ 오븐에 넣어 최소 3시
간동안 익힌다.

# 중요한 포인트

▶ 항상 고기의 익은 상태를 확인한다. 이 경우 고기는 흐물흐물해질 정도로
완전히 부드럽게 푹 익어야 한다.

조리가 완성되면 고기를 조심해서 다룬다. 푹 익어서 쉽게 뭉개질 수
있다.

## ● 플레이팅

**32.** 오븐에서 꺼낸 뒤 그대로 한 김 식힌 다음
고기 조각과 채소, 베이컨 등의 건더기를 망
뜨개로 건진다.

■ **WHY?**

고기가 냄비 안에서 약간 식으면서 소스를 흡수
하게 되므로 풍미가 더 좋아진다.

**33.** 남은 소스에 화이트 루(roux)를 넣어 걸
쭉하게 리에종한다(▶ p.396 기본 테크닉, 화
이트 루 만들기 참조).

**34.** 소스를 원뿔체에 거른다.

■ **유용한 팁!**
소스가 너무 묽으면 원하는 농도가 될 때까지
살짝 졸인다.

**35.** 간을 맞추고 고기에 소스를 끼얹어 아주
뜨겁게 서빙한다.

 # 셰프의 조언

■ 이 요리는 오전에 만들어 저녁 때 먹거나 심지어 하루 전날 만들어두었다가 다음 날 데워 먹는 게 가장 좋다. 고기에 여러 재료의 맛이 깊이 배어 풍미가 훨씬 좋아진다.

■ 전통적으로 모든 뵈프 부르기뇽 레시피에서는 '가열하지 않은' 마리네이드 양념액(marinade à froid)에 고기를 재우는 방식을 사용하고 있다. 하루 전 이렇게 재워 맛을 들인 뒤 다음날 조리한다. 여기 소개한 레시피에서는 한번 '가열한' 마리네이드 양념액(marinade à chaud)을 제안해보았다. 향신 재료를 미리 한 번 익혀 사용하면 맛과 풍미가 더욱 잘 스며들 수 있다.

■ 이 요리에는 감자나 익힌 생파스타를 곁들이면 아주 좋다.

■ 이 레시피에 사용할 소고기 부위로는 부채살을 추천한다. 기호에 따라 소볼살을 사용해도 좋다. 여럿이 식사할 경우 우설을 좋아하는 사람이 있다면 기본 고기 부위에 우설을 추가해도 좋다.

# 클래식 포토푀

LE POT-AU-FEU 'GRAND CLASSIQUE'

**6인분**

준비 및 조리(전기레인지
조리 포함) : **4시간~4시간 30분**

### ■ 재료

소 찜 갈빗살 1대
소 꼬리 1개
소 부채살 1덩어리
당근 6개
양송이버섯 큰 것 6개
양파 3개
리크 3대

셀러리악 1개
감자 6개
소 사골 뼈 10토막
굵은 소금
통후추
마늘 1통

## ● 재료 준비하기

**1.** 고깃덩어리를 실로 묶는다(찜 갈빗살, 꼬
리, 부채살).

### ■ 유용한 팁!
정육점에서 구입 시 포토푀용 고기를 실로 묶어
달라고 요청해도 된다.

**2.** 당근, 양송이버섯, 양파, 리크, 셀러리악,
감자의 껍질을 벗긴 뒤 씻는다. 필요한 경우
큼직하게 이등분한다.

## ● 익히기

**3.** 큰 냄비에 준비한 고기를 모두 넣는다.

### ■ 유용한 팁!
고기 부위를 선택할 때는 정육점 주인의 조언
을 참고한다.

**4.** 재료가 잠기도록 찬물을 붓고 끓을 때까지
가열한다. 소금은 넣지 않는다.

5. 표면에 뜨는 불순물(피와 기름)을 거품 국자로 걷어낸다.

6. 굵은 소금으로 간한다.

7. 통후추를 넣는다.

8. 채소와 마늘을 국물에 넣어준다.

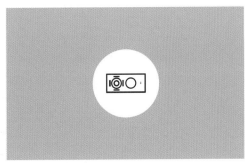

9. 3시간 30분 정도 끓인 다음 불을 끄고 그대로 식힌다.

10. 조리가 거의 끝나갈 때쯤 사골 뼈를 씻은 뒤 칼로 뼈에 붙은 자투리 살을 떼어낸다.

## ● 사골, 감자 조리하기

11. 다른 냄비에 사골뼈를 넣고 물을 붓는다.

12. 소금을 조금 넣어준다.

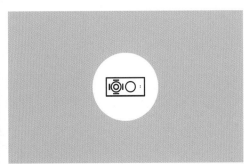

13. 10분 정도 끓인다. 감자도 마찬가지 방법으로 따로 삶는다.

**14.** 포토푀가 다 끓으면 국물의 기름을 걷어
낸다. 약간 우묵한 서빙접시에 고기와 채소
를 보기 좋게 담는다.

■ **주의할 점!**

포토푀 국물은 따로 담아 서빙한다.

# 🧑‍🍳 셰프의 조언

■ 포토푀 육수는 맑게 정화하면 콩소메로 사용할 수 있다. 남은 포토푀 고기는 샐러드를 만들거나 속을 채운 토마토(tomates farcies), 또는 아시 파르망티에(hachis Parmentier) 등의 요리에 활용하면 좋다.

■ 고전적인 포토푀 레시피에서는 처음부터 고기를 물에 삶는 것으로 시작한다. 좀 더 진한 국물 맛과 색을 내려면 고기를 기름에 먼저 지져 색을 낸 다음 끓이는 것도 좋은 방법이다.

# 포도나무 가지 훈연
# 소 립아이

LA CÔTE DE BŒUF MI-FUMÉE AUX SARMENTS DE VIGNE

**6인분**

준비 및 조리(그릴 망 조리
   포함) : **30분~40분**
휴지 : **6시간~24시간**
조리(오븐) : **10분~15분**

**도구**
로스팅 팬
토치

### ■ 재료

소 본인립아이(각 1.2~1.3kg)
   2대
식용유 또는 올리브오일
타임
월계수 잎
게랑드(Guérande) 소금
버터
후추
포도나무 가지

## ● 고기 준비하기

1. 뼈가 붙은 소고기 립아이의 기름을 제거하여 다듬고 뼈 손잡이 부분은 깨끗하게 긁어 낸다. 조리 중 타지 않도록 뼈에 붙은 얇은 근막을 완전히 매끈하게 긁어 제거한다.

### ■ 유용한 팁!
바로 조리할 수 있도록 정육점에서 미리 손질해 둔 것을 구입해도 좋다.

2. 기름을 고루 발라준다.

3. 잎만 떼어낸 타임과 잘게 부순 월계수 잎을 고루 뿌린다.

4. 고기를 뒤집어 마찬가지로 기름을 바르고 허브를 뿌린다.

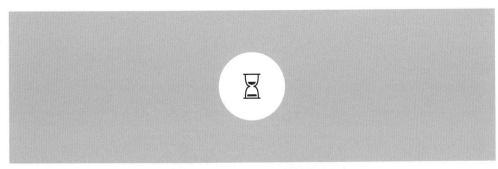

**5.** 냉장고에 최소 6시간, 가능하면 24시간 동안 넣어둔다.

### ■ 유용한 팁!

조리하기 30분 전에 고기를 냉장고에서 꺼내둔다. 심부가 너무 차갑지 않은 상온 상태가 되어야 한다.

## ● 익히기, 훈연하기

**6.** 고기 양면과 옆면에 소금을 넉넉히 뿌린다.

**7.** 소테팬에 기름을 아주 뜨겁게 달군 뒤 고기를 넣고 양면과 옆면 모두 약 5~8분간 지진다.

### ■ WHY?

고기 표면에 색을 내는 과정이며 익히는 단계는 아니다. 익힘은 오븐에서 완성된다. 지져 색을 내는 이 작업은 15~30분 정도 미리 해두어도 된다.

**8.** 립아이에 버터를 살짝 바른 뒤 200℃로 예열한 오븐에 넣고 원하는 익힘 정도에 따라 10분~15분간 익힌다.

**9.** 그동안 코코트 냄비나 바트에 망을 받쳐놓고 포도나무 가지를 얹은 뒤 불을 붙여 약 5분간 연기를 낸다.

### ■ 주의할 점!

고기는 나뭇가지에 직접 닿으면 안 된다. 나무 장작에 굽는 게 아니라 훈연하는 것이 목적이다. 연기를 가두기 위해 뚜껑을 닫아둔다.

**10.** 립아이를 오븐에서 꺼내 그릴 망 위에 놓고 5분간 레스팅한다. 후추를 갈아 뿌린다.

**11.** 망에 올린 고기를 연기 나는 나뭇가지 위에 놓는다.

**12.** 뚜껑을 덮고 약 10분간 고기를 은은하게 훈연한다.

## ● 플레이팅

**13.** 립아이를 어슷하게 슬라이스하여 플레이팅한다.

 # 셰프의 조언

■ 훈연하는 시간은 휴지시간이 되기도 한다. 은은하게 연기를 입히되 훈연시간은 10분이 넘지 않도록 주의한다. 고기를 너무 오래 훈연하는 것보다는 꺼내서 레스팅한 뒤 몇 분간 뜨거운 오븐에 다시 데워 서빙하는 것이 더 낫다. 또한 고기를 훈연할 때는 우선 한 김 식혀야 한다. 이를 지키지 않는 경우, 뚜껑을 덮고 훈연하는 동안 압력솥과 같은 효과가 발생하면서 고기가 오버쿡 될 수 있으니 주의하자.

■ 고기 슬라이스는 개인의 기호에 따른다. 개인적으로 약간 도톰하게 자르는 것을 추천한다.

■ 이 립아이 스테이크에는 베아르네즈 소스(▶ p.352 레시피 참조)나 보르들레즈 소스(▶ p.355 레시피 참조)를 곁들인다. 포도나무 가지가 없을 때는 타임이나 로즈마리 등의 허브로 대체해도 된다.

# 코르나 와인에 조린
# 소 볼살

LES JOUES DE BŒUF CONFITES AU VIN DE CORNAS

**6인분**

준비 및 조리(전기레인지 조리
  포함) : **45분~1시간**
마리네이드 : **6시간**
조리(오븐) : **2시간 30분**

**도구**
주방용 실

## ■ 재료

소 볼살 큰 것 3덩어리
식용유 3테이블스푼
밀가루 50g
생 토마토 1kg

**마리네이드 양념**
셀러리 1줄기
리크 2대
길쭉한 모양의 샬롯 6개

마늘 3톨
당근 6개
양송이버섯 10개
코르나(Cornas) 와인 2병
발사믹 식초 100ml
타임 2줄기
월계수 잎 작은 것 1장
소금
후추

## ● 고기 준비하기

1. 소 볼살의 껍질, 근막을 제거한다. 살덩어리의 모양을 그대로 유지하도록 주의한다.

2. 실로 묶는다.

### ■ 유용한 팁!

소 볼살을 다듬어 손질하고 실로 묶는 작업까지는 정육점에 부탁한 뒤 구입해도 좋다.

3. 냄비에 기름을 달군 뒤 소 볼살을 지진다.

4. 고루 진한 갈색이 나도록 지진다.

5. 꺼내서 따로 보관한다.

## ● 더운 마리네이드 양념액에 고기 재우기

**6.** 셀러리, 리크, 샬롯, 마늘, 당근을 씻어 껍질을 벗긴다. 채소들(당근 제외)과 양송이버섯을 모두 미르푸아(mirepoix)로 깍둑썬다 (▶ p.408 기본 테크닉, 미르푸아 썰기 참조).

**7.** 마늘은 반으로 가른다.

**8.** 당근은 사방 5~6mm 크기로 잘게 깍둑썬다.

**9.** 코코트 냄비에 채소를 넣고 색이 나게 볶는다.

**10.** 코르나 와인(1병)을 넣어 디글레이즈한다.

**11.** 냄비의 혼합물을 모두 소 볼살이 담긴 볼에 붓는다. 나머지 와인도 넣어준다.

**12.** 발사믹 식초, 타임, 월계수 잎을 넣고 잘 섞는다.

**13.** 소금, 후추로 간한다.

**14.** 냉장고에 넣어 최소 6시간 동안 재운다. 재료에 와인 색이 물들게 된다.

## ● 익히기

**15.** 고깃덩어리를 건진다.

**16.** 함께 재운 채소도 모두 체에 받쳐 건져낸 다음 남은 와인은 따로 보관한다.

**17.** 건진 채소를 기름을 두른 코코트 냄비에 넣고 색이 나도록 다시 볶는다.

**18.** 밀가루 50g을 솔솔 뿌린다(소스의 농도를 걸쭉하게 만드는 리에종 효과가 있다).

**19.** 볶은 채소 위에 고기를 모두 넣는다.

**20.** 마리네이드했던 와인의 반을 넣고 끓을 때까지 가열한다.

**21.** 표면에 뜨는 불순물 거품을 꼼꼼히 건진다. 10분 정도 끓여 레드와인을 반으로 졸인다.

**22.** 나머지 와인 반을 모두 넣고 계속 졸인다.

**23.** 미리 씻어서 썰어둔 토마토를 넣는다.

**24.** 재료의 높이까지 국물을 붓는다.

■ **유용한 팁!**

포토푀 국물이나 갈색 고기 육수가 있으면 넣어 준다. 없는 경우 물을 넣어 국물을 잡는다.

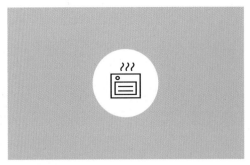

**25.** 뚜껑을 덮고 200℃ 오븐에 넣어 최소 2시 간 30분간 익힌다.

● **플레이팅**

**26.** 고기를 냄비 안에 그대로 둔 채로 한 김 식힌 뒤 건져낸다.

**27.** 나머지 채소도 모두 건져내 따로 담아 둔다.

**28.** 소스를 큰 원뿔체에 거른 뒤 고기에 곁들 여 뜨겁게 서빙한다.

 **셰프의 조언**

■ 이 소 볼살 요리에는 함께 익힌 채소 가니시 외에도 삶은 생 파스타를 조금 곁들이면 좋다(▶ p.303 레시피 참조).

■ 남은 소 볼살은 잘게 찢거나 다져서 아시 파르망티에(hachis Parmentier) 로 활용할 수 있다.

# 옛날식 송아지 블랑케트

LA BLANQUETTE DE VEAU À L'ANCIENNE

**6인분**

준비 및 조리(전기레인지 조리
　포함) : **약 1시간 30분**
조리(오븐) : **2시간**

■ **재료**

당근 큰 것 3개
셀러리 1줄기
리크 3대
양송이버섯 6개
양파 중간 크기 3개
송아지 뱃살 1kg
소금

후추
식용유
베이컨 150g
타임
월계수 잎

**소스**
버터 100g
밀가루 100g
생크림 200g
레몬즙 반 개분
달걀노른자 15g(노른자 반 개분)

**1.** 당근, 셀러리, 리크를 씻은 뒤 큼직하게 썬
다. 버섯과 양파는 씻어서 통으로 준비한다.

■ **WHY?**
통으로 사용한 채소는 익힌 뒤 건져서 블랑케트
에 곁들여 먹을 수 있다.

**2.** 송아지 뱃살을 큼직하게 썬다.

**3.** 팬에 기름을 아주 뜨겁게 달군 뒤 소금, 후
추로 간한 송아지고기를 넣고 각 면을 고루
지진다.

**4.** 베이컨도 마찬가지로 노릇하게 지진다.

**5.** 코코트 냄비에 송아지고기와 베이컨을 모
두 넣고 재료가 잠기도록 찬물을 붓는다. 끓
을 때까지 가열한다.

6. 끓어오르기 시작하면 거품을 걷어내고 소금 간을 한다.

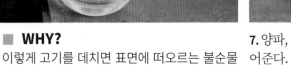

■ **WHY?**
이렇게 고기를 데치면 표면에 떠오르는 불순물을 건져낼 수 있다.

7. 양파, 당근, 셀러리, 리크, 양송이버섯을 넣어준다.

8. 타임과 월계수 잎을 넣는다.

9. 약불에서 최소 2시간 끓인다. 국물이 너무 많이 증발하지 않도록 한다.

■ **유용한 팁!**
칼끝으로 찔러 보아 고기가 익었는지 확인한다.

● **소스 만들기**

10. 채소를 냄비에서 건져 다른 그릇에 옮겨 놓는다.

11. 고기는 냄비에 그대로 둔 채 랩을 씌워 놓는다. 국물에 잠긴 상태에서 살짝 식히는 게 좋다.

■ **WHY?**
고기를 냄비에서 바로 건지면 마를 수 있다. 소스에 담긴 채 그대로 한 김 식히면 촉촉함과 깊은 풍미를 유지할 수 있다.

**12.** 그동안 큰 소스팬에 버터와 밀가루를 볶아 화이트 루(roux blanc)를 만든다(▶ p.396 기본 테크닉, 화이트 루 만들기 참조). 화이트 루는 소스 리에종용으로 사용된다.

**13.** 고기 익힌 국물을 식힌 뒤 반 정도를 체에 거르며 뜨거운 루에 조금씩 넣어 섞어준다.

■ **WHY?**

루(roux)와 국물의 온도 차이가 클수록 응어리가 뭉치지 않고 재료가 잘 혼합된다. 반대로 루가 차갑게 식었을 때는 뜨거운 국물을 넣어 섞어준다.

**14.** 생크림과 레몬즙을 넣어 소스를 마무리한다. 가볍게 신맛을 내면 되므로 레몬즙을 너무 많이 넣지 않는다.

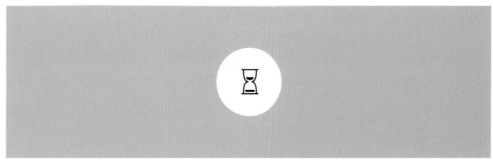

**15.** 소스팬을 불에서 내린 뒤 고기를 건져 이 소스에 넣고 최대 약 1시간정도 그대로 둔다.

■ **WHY?**

고기에 소스의 풍미가 깊이 스며든다.

**16.** 서빙하기 바로 전 고기와 채소, 소스를 코코트 냄비에 모두 넣고 다시 뜨겁게 데운다.

**17.** 서빙 용기에 고기와 채소, 베이컨을 보기 좋게 담는다.

**18.** 서빙할 만큼의 소스만 냄비에 남긴 다음 달걀노른자를 넣어 리에종한다.

**19.** 거품기로 잘 저어 섞어 걸쭉한 농도의 소스를 완성한다.

**■ 주의할 점!**
달걀노른자로 리에종한 이 소스는 보관이 어렵고 다시 데울 수도 없다. 따라서 서빙할 만큼의 양만 리에종하는 것이 중요하다.

**20.** 소스를 끼얹어 서빙한다.

## 🍳 셰프의 조언

■ 전통적으로 블랑케트는 생고기 토막을 찬물에 넣어 익힘으로써 조리를 시작한다. 하지만 이 레시피가 훨씬 더 맛이 좋아 소개해보았다. 블랑케트라는 이름처럼 소스의 색이 완전히 하얗지는 않지만 더욱 깊은 풍미를 내며 고기는 더 촉촉하고 부드럽다. 단, 공식적인 조리시험에서는 전통 레시피를 따르기 바란다.

■ 블랑케트용 송아지고기는 뱃살(삼겹살 부위)이나 정강이살 등 약간 기름기가 있는 부위가 좋다. 앞다리 어깨살보다 이 부위들이 덜 퍽퍽하다.

■ 블랑케트의 재료는 미리 만들어두어도 좋다. 서빙시 소스만 완성하면 된다.

■ 블랑케트에는 필라프 라이스(▶ p.307 레시피 참조)를 곁들이면 아주 좋다.

# 브레이징한
# 송아지 포피에트

LES PAUPIETTES DE VEAU BRAISÉES

**6인분**

준비 및 조리(전기레인지 조리
  포함) : **40분~1시간**
조리(오븐) : **30분~40분**
휴지 : **10분~15분**

**도구**
비닐 팩(짤주머니를 잘라 펴서
  사용해도 된다)
절구 또는 블렌더

**■ 재료**

송아지 뒷다리 허벅지살
  에스칼로프 6장
식용유
소금
후추

**브레이징용 부재료**
양파 200g
당근 200g
마늘 1톨

양송이버섯 100g
토마토 1개(약 100g)
화이트와인 100ml
부케가르니 1개
리에종한 갈색 송아지 육수
  500ml

**소 재료**
송아지 살코기(힘줄, 근막,
  지방을 제거한다) 150g

뜨겁게 끓인 우유 25g
빵(식빵, 캉파뉴 빵 등...) 25g
차가운 버터 100g
고운 소금 3g
에스플레트 고춧가루 1g
달걀 70g(1개 분량)
달걀노른자 30g(1개 분량)

## ● 고기 준비하기

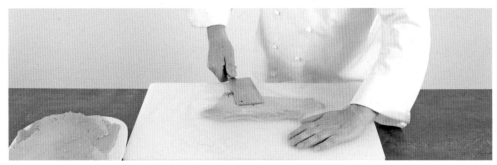

**1.** 에스칼로프로 슬라이스한 송아지고기를
넓적한 칼로 두드려 두께의 반 정도 되도록
넓게 편다.

**■ 유용한 팁!**

비닐팩을 펴서 고기를 넣은 다음 길고 넓적한
도구로 두드려 펴 주어도 좋다.

**2.** 넓적하게 두드린 고기를 길이 10~12cm,
폭 5~6cm 크기로 자른다. 가장자리 자투리
는 따로 모아두었다가 다른 요리에 사용한다.

## ● 브레이징용 부재료

**3.** 양파, 당근의 껍질을 벗기고 마늘은 굵게
다진다.

**4.** 당근, 양송이버섯, 양파를 미르푸아로 깍
둑 썬다(▶ p.408 기본 테크닉, 미르푸아 썰기
참조).

**5.** 토마토를 씻어 꼭지를 잘라낸 다음 잘게
썬다.

## ● 소 재료 준비하기

6. 송아지 살코기 150g을 절구나 분쇄기로 다진다.

7. 잘게 뜯은 빵 속살 25g에 뜨거운 우유 25g를 붓고 차가운 버터와 잘 섞어 '파나드 (panade)'를 만든다.

8. 파나드 혼합물을 다진 송아지 살에 넣고 섞는다.

9. 혼합물을 볼에 덜어낸 다음 소금, 에스플레트 고춧가루를 넣어 양념한다.

10. 달걀노른자를 넣어 섞은 뒤 이어서 달걀 한 개를 넣어준다.

11. 소 혼합물을 각 송아지 에스칼로프에 펴 바른다.

12. 송아지 에스칼로프를 돌돌 만 다음 양쪽 끝을 깔끔하게 잘라준다.

13. 실로 묶는다.

### ■ 유용한 팁!

익으면서 고기 살이 떨어지지 않도록 주의하며 끈으로 묶는다.

## ● 익히기

**14.** 돌돌 말아놓은 포피에트에 고루 소금을 뿌린다.

**15.** 팬에 기름을 아주 뜨겁게 달군 뒤 포피에트를 놓고 고루 지진다. 돌돌 만 이음새 부분을 먼저 지져 붙도록 한다.

**16.** 오븐 용기에 양파, 버섯, 당근을 넣고 기름을 뿌린 뒤 200℃로 예열한 오븐에서 노릇하게 굽는다.

**17.** 화이트와인을 넣어 디글레이즈한다.

**18.** 마늘, 부케가르니(▶ p.401 기본 테크닉, 부케가르니 만들기 참조), 토마토를 넣는다.

**19.** 그 위에 송아지 포피에트를 얹어준다.

**20.** 뚜껑이나 포일 등으로 덮은 뒤 오븐에 다시 넣어 30~40분간 익힌다. 10분마다 국물을 끼얹어주고 위치를 돌려놓는다.

**21.** 송아지 육수 100ml를 넣는다(▶ p.428 기본 테크닉, 갈색 송아지 육수 만들기 참조).

### ■ 유용한 팁!
익히는 동안 용기 안에는 항상 자작하게 소스가 있어야 한다. 어느 정도의 국물(약 3~4cm 정도 높이)이 항시 유지되도록 중간중간 잘 살피며 육수를 보충해주어야 한다.

**22.** 조리가 끝나면 송아지 포피에트를 꺼내서 망 위에 올린다. 중간중간 뒤집어가며 10~15분 정도 휴지시키는 것이 좋다.

**23.** 조리 후 용기에 남은 소스와 건더기를 소스팬으로 옮긴다. 나머지 송아지 육수도 모두 부어준다.

**24.** 몇 분간 끓인다.

**25.** 원뿔체에 넣고 국자로 채소를 꾹꾹 누르며 걸러준다. 소스의 간을 맞춘다. 포피에트의 실을 풀고 소스를 끼얹어 뜨겁게 서빙한다.

■ **유용한 팁!**
채소 부재료를 보기 좋게 썬 경우 소스를 체에 거르지 않고 건더기도 함께 서빙하면 투박한 시골풍 요리 분위기를 낼 수 있다.

 ## 셰프의 조언

■ 전통적으로 포피에트는 부숑(작은 원통형) 모양을 띤다. 하지만 기호에 따라 원하는 모양으로 다양하게 변형이 가능하다. 단 내용물을 잘 감싸야 하며 고르게 익을 수 있도록 균일한 크기와 모양으로 만드는 것이 중요하다.

■ 조리 도중 끊어지지 않도록 실은 두 겹으로 꼼꼼히 묶어주어야 한다.

■ 소 재료는 기호에 따라 양송이버섯, 송로버섯, 또는 과일(건자두, 사과 과육 등) 등을 이용해 다양하게 변화를 주어도 좋다.

# 꿀에 조린
# 송아지 정강이

LE JARRET DE VEAU CONFIT AU MIEL

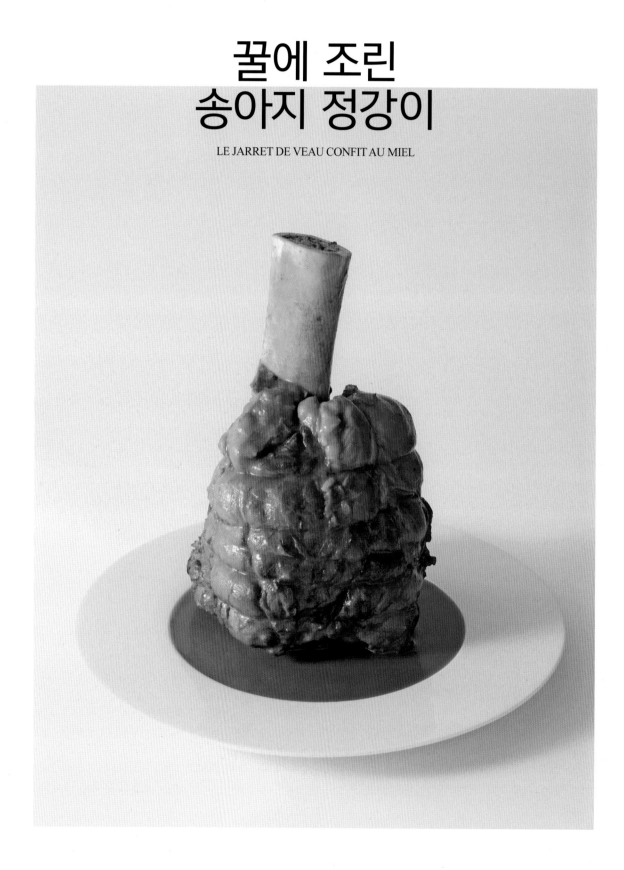

**6인분**

준비 및 조리(전기레인지 조리
　포함) : **35분~55분**
조리(오븐) : **2시간 30분~3시간**

**도구**
조리용 실

### ■ 재료

송아지 정강이(살이 더 많은
　뒷다리) 2개
당근 3개
양송이버섯 10개
양파 2개
생 토마토 500g
마늘 3톨
식용유

밀가루 50g
타임
월계수 잎
고운 소금(또는 게랑드 소금)
후추
꿀 80g
육수 또는 물

## ● 재료 준비하기

1. 뼈가 붙은 송아지 정강이를 덩어리째 씻은
뒤 기름이나 힘줄을 조금 잘라낸다. 조리 중
살을 단단히 고정시킬 수 있도록 둥근 모양으
로 만들어 실로 묶어준다.

### ■ 주의할 점!
실로 묶는 작업은 매우 중요하다. 정강이 살을
제대로 묶어 고정시키지 않으면 익는 도중 살이
떨어져나가 뼈만 남게 될 수 있다. 실을 두 겹으
로 꼼꼼히 묶어주면 좋다. 혹은 정육점에 부탁
한 뒤 구입한다.

2. 당근, 양송이버섯, 양파, 토마토, 마늘의 껍
질을 벗기고 씻는다. 당근과 버섯을 미르푸
아로 깍둑 썬다(▶ p.408 기본 테크닉, 미르푸
아 썰기 참조).

3. 양파를 잘게 썬다(▶ p.402 기본 테크닉, 양
파/샬롯 잘게 썰기 참조).

4. 마늘을 다진다.

5. 토마토의 꼭지를 떼어낸 뒤 4등분한다.

## ● 정강이 익히기

**6.** 오븐 조리가 가능한 코코트 냄비에 기름을 달군 뒤 송아지 정강이를 넣고 4~5분간 지진다. 타지 않도록 뒤집어가며 고루 노릇하게 색을 낸다. 냄비에서 꺼낸다.

**7.** 같은 냄비에 당근, 양파, 마늘을 넣고 보기 좋은 갈색이 나도록 볶는다.

**8.** 밀가루를 넣어 고루 색을 내며 재빨리 볶는다. 이는 소스의 농도를 걸쭉하게 하는 역할을 한다.

**9.** 이어서 큼직하게 썬 양송이버섯, 토마토와 허브를 넣는다.

**10.** 간을 한 다음 지져놓은 정강이를 채소 위에 놓는다.

**11.** 꿀을 고루 뿌린 다음 육수나 물을 재료 높이까지 붓는다.

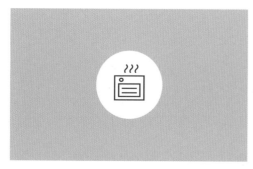

**12.** 끓기 시작하면 190℃ 오븐에 넣어 최소 2시간 30분간 익힌다.

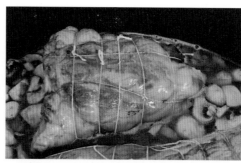

**13.** 중간중간 익은 상태를 확인한다. 고기가 노릇하게 익어야 한다.

**14.** 다 익으면 오븐에서 꺼낸 뒤 정강이를 건져 실을 풀어준다.

**15.** 남은 소스는 원뿔체에 거른다. 채소 건더기를 국자로 꾹꾹 누르며 최대한 맛 즙을 짜준다.

**16.** 체에 거른 소스를 졸인다. 중간중간 작은 국자로 기름을 걷어낸다.

**17.** 소스가 시럽 농도로 졸아들면 고운 체에 다시 한 번 거른다.

**18.** 서빙 접시 중앙에 송아지 정강이를 놓고 소스를 끼얹어 서빙한다. 고기가 연하게 푹 익어 스푼으로 고기 살을 떠먹을 수 있다.

 # 셰프의 조언

■ 송아지 정강이는 앞다리보다 좀 더 사이즈가 크고 살도 많은 뒷다리 정강이를 선택한다. 이 레시피에서는 정강이를 통째로 조리했지만 정육점에서 3~4cm 두께로 절단해 구입해도 된다. 그 경우 오소부코(osso-buco) 스타일의 정강이 찜을 만들 수 있다.

■ 계절에 따라 다양한 제철채소를 가니시로 곁들이거나 감자 퓌레(▶ p.290 레시피 참조)를 함께 내면 좋다. 또한 삶은 생 파스타(▶ p.303 레시피 참조)와도 잘 어울린다.

# 당근을 곁들인 송아지 뼈 등심 랙

LE CARRÉ DE VEAU AUX CAROTTES

**6~8인분**

준비 및 조리(전기레인지 조리
　포함) : **45분~1시간**
휴지 : **30분~40분**
조리(오븐) : **약 1시간**

**도구**
보닝 나이프
로스팅 팬

**■ 재료**

송아지 뼈 등심 랙(약 2kg짜리)
　1덩어리
양파 1개
당근 500g
마늘 1톨
토마토 1개
소금
식용유
후추
화이트와인 100ml

부케가르니 1개
올리브오일
버터 50g
리에종한 갈색 송아지 육수
　500ml
물

## ● 고기 준비하기

**1.** 송아지 뼈 등심 랙의 기름을 잘라내고 다
듬는다(▶ p.418 기본 테크닉, 뼈 등심 랙 준비
하기 참조).

**2.** 고기를 다듬으며 잘라낸 자투리는 따로 보
관한다.

**■ 유용한 팁!**

정육점에서 손질된 송아지 랙을 구입해도 좋다.
이 경우 브레이징 육수용으로 사용할 자투리를
함께 넣어달라고 부탁한다.

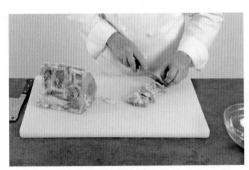

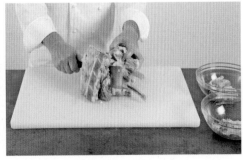

**3.** 잘라낸 자투리의 기름을 제거한 다음 브레
이징 육수용으로 잘게 썬다.

**4.** 뼈 사이사이에 칼집을 내어 살을 잘라낸 다
음 매끈하게 긁어 손잡이처럼 만든다.

**5.** 실로 묶어준다(익히는 도중 끊어지지 않도
록 두 겹으로 묶는 것이 좋다).

## ● 브레이징용 부재료

**6.** 양파, 당근, 마늘의 껍질을 벗긴다. 당근을 갸름하게 잘라 모서리를 돌려 깎는다. 잘라낸 자투리는 잘게 썬다.

**7.** 양파는 미르푸아(mirepoix)로 깍둑 썬다 (▶ p.408 기본 테크닉, 미르푸아 썰기 참조).

**8.** 토마토를 씻어 꼭지를 잘라낸다. 속과 씨를 그대로 둔 채 잘게 썬다.

## ● 익히기

**9.** 송아지 뼈 등심 랙 표면 전체에 골고루 소금을 넉넉히 뿌린다.

**10.** 코코트 냄비에 기름을 아주 뜨겁게 달군 뒤 고기를 넣고 모든 면에 고루 색이 나도록 뒤집어가며 10~12분간 지진다.

### ■ WHY?

고기에 색을 내는 과정이며 익히는 단계는 아니다. 익힘은 오븐에서 완성된다. 지져 색을 내는 이 작업은 15~30분 정도 미리 해두어도 된다.

**11.** 고기를 건져둔다.

**12.** 같은 냄비에 송아지 자투리 살을 넣고 지진다.

**13.** 소금, 후추로 간한다. 200℃로 예열한 오븐에 넣어 15~20분간 노릇한 색이 나도록 굽는다. 기름을 제거한다.

**14.** 냄비를 오븐에서 꺼낸 뒤 양파, 당근 자투리를 넣어준다. 노릇한 색이 나도록 몇 분간 익힌다.

■ **WHY?**

이 과정은 오븐에서 조리해야 고루 노릇한 색이 나며 균일하게 익는다. 불 위에서 익히면 바닥 부분만 익을 수 있다.

**15.** 화이트와인을 넣어 디글레이즈한다. 육즙이 눌어붙은 바닥을 잘 긁어 소스에 풍미가 잘 배이도록 한다.

**16.** 반을 갈라 싹을 제거한 마늘, 부케가르니(▶ p.401 기본 테크닉, 부케가르니 만들기 참조), 잘게 썬 토마토를 넣어준다.

**17.** 그 위에 송아지 랙을 놓고 뚜껑을 덮은 뒤 50~60분간 익힌다. 10분마다 소스를 끼얹고 고기를 고루 뒤집어준다.

■ **주의할 점!**

익히는 동안 냄비 안에는 항상 국물이 자작하게 있어야 한다. 너무 졸아들면 중간중간 물을 조금씩 보충해준다.

**18.** 그동안 다른 소스팬이나 냄비에 올리브오일과 버터를 조금 달군 뒤 모양내어 돌려깎아 둔 당근을 넣어 익힌다.

**19.** 송아지 육수(▶ p.428 기본 테크닉, 갈색 송아지 육수 만들기 참조) 분량의 2/3 정도를 붓는다.

**20.** 물을 조금 넣어 재료의 높이까지 오도록 한다. 소금을 넣고 약한 불로 익힌다.

**21.** 뚜껑을 덮고 약불에서 25분간 익힌다. 불에서 내려 보관한다.

■ **유용한 팁!**
일반적으로 수분이 모두 증발할 때까지 익히면 당근은 다 익는다.

**22.** 송아지고기가 다 익으면 건져서 망 위에 올린다.

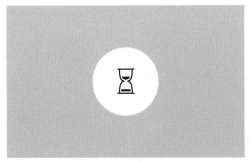

**23.** 30~40분간 고기를 레스팅한다.

**24.** 중간중간 뒤집어준다.

■ **WHY?**
레스팅하면서 이렇게 뒤집어주면 육즙이 고기 아랫부분에만 몰리지 않고 내부에 고루 퍼져 분포된다.

**25.** 나머지 송아지 육수를 냄비에 붓고 브레이징한 국물과 함께 몇 분간 끓인다.

**26.** 고운 원뿔체에 넣고 국자로 꾹꾹 눌러가며 거른다. 소스의 간을 맞춘 뒤 따뜻하게 보관한다.

## ● 자르기, 플레이팅

**27.** 송아지 뼈 등심 랙을 슬라이스한 다음 당근과 육즙 소스(jus)를 곁들여 서빙한다.

 셰프의 조언

▓ 자르는 두께는 기호에 따라 조절할 수 있다. 개인적으로 약간 도톰하게 써는 것을 선호한다.

▓ 고기를 오븐에서 꺼내자마자 자르면 절대 안 된다. 육즙과 피가 흘러나와 고기 살이 퍽퍽하고 건조해진다. 고기 덩어리를 레스팅하면서 약간 식힌 다음 서빙할 때 다시 데우는 편이 더 좋다.

▓ 이 요리에는 당근과 함께 홈메이드 감자 퓌레를 추가해 곁들이면 더욱 좋다.

▓ 송아지고기 대신 소고기나 돼지고기 뼈 등심을 사용해도 좋다. 단, 이 경우 익히는 시간이 다소 오래 걸리는 것을 기억하자.

# 바삭하게 지진
# 송아지 흉선

LES RIS DE VEAU CROUSTILLANTS

**6인분**

준비 및 조리(전기레인지) :
**55분~1시간 15분**

### ■ 재료

송아지 흉선 6개
소금
타임
월계수 잎
레몬 반개
밀가루
식용유
버터 100g
마늘 1톨

후추
송아지 육즙 소스(jus) 500ml

## ● 흉선 데치기

1. 물에 담가 핏기와 불순물을 제거한 송아지 흉선과 찬물을 냄비에 넣는다. 소금을 조금 넣는다.

### ■ 유용한 팁!

정육점에서 미리 손질한 송아지 흉선을 구입할 수 있다. 그 경우가 아니라면 흉선이 찢어지지 않도록 조심스럽게 껍질을 벗긴 뒤 깨끗한 물에 최소 4시간 이상 담가 핏물과 불순물을 뺀다(중간에 여러 번 물을 갈아준다).

2. 타임과 월계수 잎을 넣는다.

3. 레몬 반 개의 즙을 짜 넣는다.

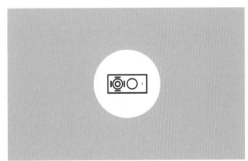

4. 약 10분간 데친다.

5. 흉선이 뽀얗게 변하면 바로 물에서 건져낸다. 월계수 잎과 타임은 따로 보관한다.

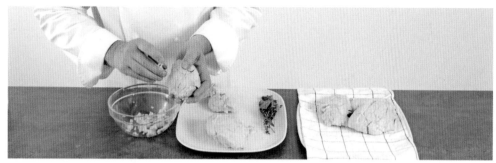

6. 흉선이 한 김 식으면 남아 있는 껍질 조각을 깨끗하게 벗겨낸다.

■ **유용한 팁!**
뜨거운 흉선을 바로 건져내 재빨리 껍질을 제거해야 물기를 머금지 않게 된다. 물기가 남아 있으면 그릇 등을 올려 하룻밤 동안 눌러두어야 한다.

7. 흉선을 마른 행주에 싸 쟁반에 놓는다.

8. 넓은 그릇 등을 엎어 눌러 물기를 뺀다.

■ **주의할 점!**
흉선이 으스러질 수 있으니 너무 무거운 것을 올리는 것은 피한다.

## ● 흉선 익히기

9. 흉선을 꺼낸 뒤 밀가루를 얇게 묻혀 탁탁 턴다.

10. 흉선에 소금을 뿌린다. 뜨겁게 달군 팬에 기름을 두르고 흉선을 튀기듯 지진다. 표면에 얇고 바삭한 크러스트가 생기도록 한다.

11. 팬에서 건져둔다.

**12.** 팬의 기름을 덜어낸다.

**13.** 다시 팬에 흉선을 올리고 버터, 씻어서 껍질째 살짝 으깬 마늘 한 톨을 넣어준다.

**14.** 건져두었던 타임과 월계수 잎을 넣어준다.

**15.** 거품이 이는 버터를 계속 끼얹어주며 양면을 고루 튀기듯 지진다.

**16.** 후추는 기름에 탈 수 있으니 마지막에 뿌린다.

**17.** 흉선에 고루 노릇한 갈색이 나고 바삭하게 익으면 건져서 종이타월에 올려 기름을 빼면서 잠시 휴지시킨다. 접시에 흉선을 담고 송아지 육즙 소스를 뿌려 서빙한다.

 # 셰프의 조언

■ 송아지 흉선은 미식 애호가들이 선호하는 식재료다. 여기에 제시한 방법대로 조리하면 실패하지 않고 겉은 바삭하며 속은 부드러운 흉선 요리를 만들 수 있다. 정육점에서 흉선을 구입할 때는 모양이 길쭉하고 혈관이 많은 목젖 부위(ris de gorge)보다는 더 통통하고 핏줄이 적은 넓적한 것(ris de cœur)을 주문한다.

■ 이 송아지 흉선 요리에는 다양한 방법으로 조리한 감자나 각종 채소를 곁들인다. 파티 등 특별한 식사의 경우 송로버섯을 작은 막대 모양으로 썰어 곁들이기도 한다.

# 모렐 버섯을 곁들인 송아지 흉선

LES RIS DE VEAU AUX MORILLES

**6인분**

준비 및 조리(전기레인지) :
**1시간~1시간 30분**

## ■ 재료

송아지 흉선 4개
타임 1줄기
월계수 잎 1장
레몬즙 반 개분
마늘 1톨
모렐 버섯 400g
샬롯 3개
식용유
소금
후추

밀가루
버터 80g
코냑 또는 아르마냑 100ml
송아지 육즙 소스(jus) 50g
생크림 150g

## ● 흉선 데치기

1. 물에 담가 핏기와 불순물을 제거한 송아지
흉선과 찬물을 냄비에 넣는다. 소금을 조금
넣는다.

### ■ 유용한 팁!

정육점에서 미리 손질한 송아지 흉선을 구입할
수 있다. 그 경우가 아니라면 흉선이 찢어지지 않
도록 조심스럽게 껍질을 벗긴 뒤 깨끗한 물에 최
소 4시간 이상 담가 핏물과 불순물을 뺀다(중간
에 여러 번 물을 갈아준다).

2. 타임과 월계수 잎을 넣는다.

3. 레몬 반 개의 즙을 짜 넣는다. 짓이긴 마늘
을 한 톨 넣어준다.

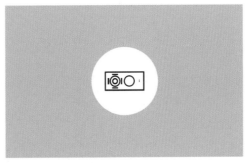

4. 약 10분간 데친다.

5. 흉선이 뽀얗게 변하면 바로 물에서 건져낸
다. 마늘과 월계수 잎, 타임은 따로 보관한다.

**6.** 흉선이 한 김 식으면 남아 있는 껍질 조각을 깨끗하게 벗겨낸다.

■ **유용한 팁!**
뜨거운 흉선을 바로 건져내 재빨리 껍질을 제거해야 물기를 머금지 않게 된다. 물기가 남아 있으면 그릇 등을 올려 하룻밤 동안 눌러 두어야 한다.

**7.** 흉선을 마른 행주에 싸 쟁반에 놓는다.

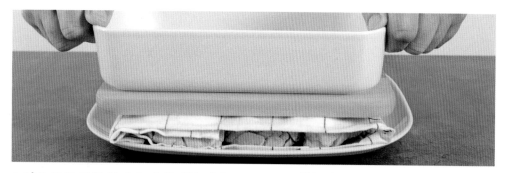

**8.** 넓은 그릇 등을 엎어 눌러 물기를 뺀다.

■ **주의할 점!**
흉선이 으스러질 수 있으니 너무 무거운 것을 올리는 것은 피한다.

● **부재료 준비하기**

**9.** 모렐 버섯의 꼭지를 잘라낸 뒤 깨끗이 씻는다.

**10.** 샬롯을 잘게 썬다(▶ p.402 기본 테크닉, 양파/샬롯 잘게 썰기 참조).

**11.** 소테팬에 기름을 조금 두른 뒤 샬롯을 넣고 살짝 노릇한 색이 나도록 볶는다.

**12.** 씻어서 물기를 제거한 모렐 버섯을 넣는다.

**13.** 뚜껑을 덮고 5~6분간 익힌다.

**14.** 체에 거른다. 남은 즙은 따로 보관한다.

# 중요한 포인트

▶ 생 모렐을 사용할 경우 반드시 익혀야 한다. 날것은 독성이 있기 때문에 모렐 버섯은 익힌 상태로만 먹을 수 있다.

시중에서 구입할 수 있는 말린 모렐 버섯은 이미 한 번 익혀 건조한 경우가 많다. 물에 불린 뒤 조리한다.

## ● 흉선 익히기

**15.** 물기를 뺀 흉선을 3cm 두께로 슬라이스 한다.

**16.** 소금, 후추로 간한다.

**17.** 밀가루를 얇게 씌운다.

**18.** 뜨겁게 달군 팬에 기름을 두른 뒤 흉선을 넣고 표면이 노릇하고 바삭해질 때까지 튀기듯 지진다.

**19.** 팬의 기름을 덜어낸 뒤 버터를 넣는다.

**20.** 타임, 월계수 잎, 마늘을 넣고 녹은 버터를 계속 끼얹어주며 양면을 고르게 튀기듯 지진다.

**21.** 고르게 노릇한 색이 나고 겉이 바삭해지면 건져서 종이타월 위에 놓고 몇 분간 휴지시킨다. 팬의 기름을 덜어낸다.

**22.** 다시 팬에 흉선을 올린다.

**23.** 익혀서 체에 건져둔 샬롯과 모렐 버섯을 팬에 넣어준다.

**24.** 코냑이나 아르마냑을 붓고 센 불에서 플랑베한다.

**25.** 걸러둔 모렐 버섯 즙을 넣어준다.

**26.** 졸인다.

**27.** 송아지 육즙 소스를 넣고 다시 졸인다.

**28.** 마지막으로 생크림을 넣어 걸쭉하게 농도를 낸다. 간을 맞춘다. 우묵한 접시에 모렐 버섯을 깔고 그 위에 송아지 흉선을 얹은 뒤 소스를 끼얹어 서빙한다.

 # 셰프의 조언

▌ 송아지 흉선은 미식 애호가들이 선호하는 식재료다. 여기에 제시한 모렐 가니시 레시피는 송아지 흉선을 통째로 익히는 방식과는 또 다른 조리법이다. 가능하면 제철에 나오는 생 모렐 버섯을 사용하는 게 좋다. 구하기 어려울 때는 말린 모렐을 사용해도 무방하다. 이 경우 버섯을 물에 불려 사용한다. 불린 물은 고운 체에 꼼꼼히 걸러 따로 보관해두었다가 소스를 만들 때 사용하면 좋다.

▌ 파티 등 특별한 식사의 경우 모렐 버섯 대신 송로버섯을 작은 스틱 모양으로 썰어 넣으면 더욱 고급스러운 요리를 만들 수 있다.

▌ 정육점에서 흉선을 구입할 때는 모양이 길쭉하고 혈관이 많은 목젖 부위 (ris de gorge)보다는 더 통통하고 핏줄이 적은 넓적한 것(ris de cœur)을 주문한다.

▌ 대부분의 크림 베이스 소스 요리와 마찬가지로 이 요리에도 라이스, 파스타, 삶은 감자 등 기름기가 적은 가니시를 곁들이는 게 좋다.

# 7시간 익힌
# 양 뒷다리 요리

LE GIGOT DE SEPT HEURES

**6인분**

준비 : **45분~1시간 15분**
조리 : **3시간~7시간**

**도구**
조리용 실

## ■ 재 료

| | |
|---|---|
| 양 뒷다리 1개 | 레몬즙 1개분 |
| 당근 6개 | 식용유 100ml |
| 생 토마토 1kg | 버터 30g |
| 양송이버섯 10개 | 소금 |
| 양파 3개 | 후추 |
| 셀러리악 1개 | 밀가루 50g |
| 가는 리크 5대 | 타임 |
| 감자 8개 | 월계수 잎 |
| 마늘 5톨 | 육수 |

## ● 양 뒷다리 준비하기

**1.** 뒷다리를 통째로 준비한 경우 우선 엉덩이 쪽 윗부분에 칼집을 내어 가른다.

**2.** 두꺼운 지방층을 잘라낸다.

**3.** 뒷다리 위쪽의 뼈를 따라 칼로 잘라 살과 분리한다.

**4.** 뼈를 고기에서 떼어낸다.

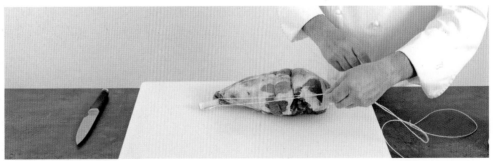

**5.** 뒷다리를 실로 묶어 둥글게 모양을 잡는다.

**■ WHY?**
조리 도중 살이 흐트러지지 않도록 모양을 고정시키는 역할을 한다.

# 중요한 포인트

▶ 이 레시피에서 고기를 실로 묶어주는 과정은 매우 중요하다. 이 작업을 하지 않으면 익으면서 살이 뼈에서 떨어질 수도 있다.

정육점에서 구입할 때 고기를 익히는 동안 모양을 잘 지탱할 수 있도록 실을 두겹으로 하여 단단히 묶어달라고 요청한다. 또는 익힘용으로 손질 및 묶기 작업이 완료된 뒷다리를 구입해도 좋다.

## ● 채소 준비하기

**6.** 당근, 토마토, 양송이버섯(밑동은 떼어낸다), 양파. 셀러리악, 리크, 감자, 마늘을 씻어 껍질을 벗긴다.

■ **유용한 팁!**
감자는 갈변되지 않도록 물에 담가둔다.

**7.** 양송이버섯 6개를 작은 나이프로 모양내어 돌려깎기 한 다음 갈변을 막기 위해 레몬즙을 뿌려둔다.

**8.** 당근과 셀러리악을 갸름하게 돌려깎기 한다.

**9.** 당근과 셀러리악 자투리는 미르푸아로 깍둑썬다. 양송이버섯 4개도 깍둑 썬다.

**10.** 리크와 양파도 같은 모양으로 썬다.

## ● 양 뒷다리 익히기

**11.** 오븐 사용이 가능한 코코트 냄비에 기름과 버터를 달군 뒤 고루 소금을 뿌린 양 뒷다리를 넣고 지진다.

**■ 유용한 팁!**
버터를 첨가하면 좀 더 빨리 노릇한 색을 낼 수 있다.

**12.** 색을 낸 양 뒷다리를 꺼낸다. 같은 냄비에 돌려 깎은 채소들을 넣고 볶는다.

**13.** 이어서 마늘, 깍둑 썬 당근과 셀러리악 자투리를 넣어 갈색이 나도록 잘 볶아준다.

**14.** 밀가루를 솔솔 뿌린다. 소스에 걸쭉한 농도를 내는 역할을 한다.

**15.** 고루 저어 색이 나도록 재빨리 볶은 뒤 깍둑 썬 양송이버섯, 리크, 토마토와 타임, 월계수 잎을 넣는다.

**16.** 소금, 후추로 간한다.

**17.** 그 위에 양 뒷다리를 올린다.

**18.** 육수나 물을 재료 높이까지 붓는다.

**19.** 뚜껑을 덮고 190℃ 오븐에 넣어 최소 3시간 이상 익힌다.

**20.** 조리가 끝나기 30분 전 감자를 갸름하게 모양내어 돌려깎기 한다.

**21.** 다른 냄비에 육수를 조금 넣고 감자를 익힌다. 뚜껑은 덮지 않는다.

**22.** 양고기가 다 익으면 건져내고 돌려깎기 한 채소를 모두 건져둔다.

**23.** 남은 소스를 원뿔체에 거른다.

**24.** 국자로 꾹꾹 눌러준다.

## ● 서빙하기

**25.** 양 뒷다리의 실을 풀어준 다음 서빙 접시 중앙에 놓고 돌려깎기 한 당근, 셀러리악, 따로 익힌 감자를 빙 둘러 놓는다.

**26.** 소스를 끼얹는다.

■ **유용한 팁!**
소스가 너무 묽으면 체에 거른 뒤 조금 더 졸인다. 간을 확인한다.

**27.** 마지막으로 모양내어 돌려 깎은 양송이 버섯을 양 뒷다리 위에 올린다. 스푼으로 서빙한다.

# 셰프의 조언

■ '7시간 익힌 양 뒷다리'는 미식가들이 애호하는 대표적인 프랑스 고전 요리이다. 어떤 이들은 이 요리를 폄하하며 양 뒷다리는 오로지 로스트해 먹는 것만이 최고라고 주장할지도 모른다. 하지만 이처럼 맛있고 푸짐한 요리를 모르고 지난다는 것은 매우 아쉬운 일이 될 것이다.

■ 계절에 따라 순무, 돼지감자, 서양호박 등 다양한 채소를 가니시로 사용할 수 있다. 루타바가(스웨덴 순무)와 양배추 또한 좋은 선택이 될 수 있다.

■ 이 레시피는 여럿이 함께 하는 식사에 이상적이다. 미리 만들어 놓기 용이하며 식사 내내 양 뒷다리 고기를 따뜻하게 먹을 수 있다.

# 속을 채운
# 사보이 양배추

LE CHOU VERT FARCI

## 6인분

준비 및 조리(전기레인지 조리
　포함) : **1시간~1시간 15분**
양념에 재우기 : **6시간**
휴지 : **30분**
조리 : **2시간~2시간 30분**

### 도구
고기 분쇄기

## ■ 재료

속이 꽉 찬 사보이양배추 1통
돼지비계 슬라이스 15줄
육수(간 하지 않은 것) 2리터

### 소 재료
당근 2개
양파 2개
샬롯 6개
양송이버섯 250g

뿔나팔버섯 150g
훈연하지 않은 삼겹살 비계 200g
송아지 앞다리 어깨살 200g
돼지 등심 100g
마늘 1톨
파슬리 1단
식용유
소금
후추

코냑 15ml

## ● 소 재료 준비하기

**1.** 당근, 양파, 양송이버섯, 뿔나팔버섯의 껍질을 벗긴 뒤 씻는다. 당근을 브뤼누아즈(brunoise)로 잘게 썬다(▶ p.405 기본 테크닉, 브뤼누아즈 썰기 참조).

**2.** 훈연하지 않은 삼겹살과 송아지고기, 돼지고기를 모두 큼직한 큐브 모양으로 썬다. 냉동실에 몇 분간 넣어 살짝 굳게 한다.

### ■ 유용한 팁!
이렇게 살짝 얼려두면 고기의 근섬유가 더 쉽게 끊어지며 갈아 혼합할 때 더욱 균일하게 섞을 수 있다.

**3.** 샬롯과 양파를 잘게 썬다(▶ p.402 기본 테크닉, 양파/샬롯 잘게 썰기 참조).

**4.** 양송이버섯과 뿔나팔버섯을 너무 작지 않게 다진다.

**5.** 마늘의 껍질을 벗긴 뒤 다진다.

**6.** 파슬리를 씻어서 잘게 썬다.

**7.** 소테팬에 기름을 조금 달군 뒤 샬롯과 양파를 넣고 수분이 나오도록 볶는다. 소금, 후추로 간한다.

**8.** 이어서 당근과 마늘을 넣어준다. 다시 간을 한다.

**9.** 다 익으면 버섯을 넣어준다.

**10.** 너무 수분이 많이 나와 소 재료가 흥건해지지 않도록 몇 분간만 짧게 볶는다.

**11.** 팬에서 덜어낸 뒤 식힌다.

**12.** 미리 차갑게 준비해둔 고기 분쇄기에 중간 크기 입자의 절삭망을 끼운 뒤 살짝 얼린 고기를 넣고 갈아준다.

**13.** 유리볼에 분쇄한 고기와 볶은 채소, 잘게 썬 파슬리를 넣는다.

**14.** 코냑을 넣고 잘 섞은 뒤 최소 6시간 동안 맛이 배도록 재운다.

## ● 양배추 데치기

15. 양배추의 겉잎을 떼어내고 속대를 도려 낸 뒤 씻는다.

16. 소금을 넣은 끓는 물에 양배추를 넣고 약 10분간 데친다.

### ■ WHY?

이 과정은 필수적인 것은 아니지만 양배추의 쌉 싸름한 맛을 좀 줄일 수 있으며 초벌로 익혀주 는 효과가 있다.

## ● 양배추에 소 채우기

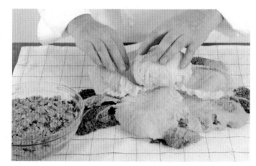

17. 양배추 잎을 면포에 펼쳐 놓고 물기를 뺀 다. 속심은 제거한다.

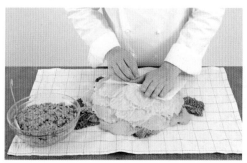

18. 종이타월로 남은 물기를 완전히 닦아낸다.

19. 가운데 잎에 소를 채운다.

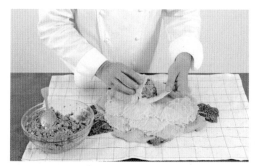

20. 소를 둘러싼 잎들을 오므려 덮어준다.

21. 이 잎들 주위에 다시 소를 한 켜 채운다.

22. 마찬가지 방법으로 잎을 감싸 덮어준다. 이렇게 마지막 잎까지 소를 채우며 덮어준다.

**23.** 면포를 이용해 소를 채운 양배추를 공 모양으로 만든다.

**24.** 꼭 짜서 수분을 제거한다.

**25.** 양배추를 둥글게 만들어 수분을 짜낸 뒤 면포를 걷어낸다.

**26.** 띠 모양의 돼지비계로 덮어준다.

**27.** 양배추의 둥근 모양이 망가지지 않도록 주의하며 조리용 실로 잘 묶어준다.

## ● 익히기, 플레이팅

**28.** 양배추가 딱 들어갈 정도 크기의 코코트 냄비에 소를 채운 양배추를 넣는다.

**29.** 양배추가 잠길 정도로 육수를 붓는다.

**30.** 180℃로 예열한 오븐에 넣어 최소 2시간 동안 익힌다.

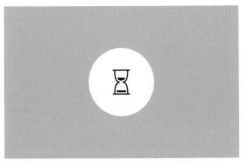

**31.** 다 익힌 후 최소 30분간 그대로 휴지시 킨다.

**32.** 양배추의 실을 풀어준다.

**33.** 둘러준 비계를 걷어낸 다음 졸인 육수와 함께 담아 서빙한다.

##  셰프의 조언

■ 이 레시피에는 닭, 소, 양고기 등을 사용해도 좋다. 크리스마스 파티 등 특별한 경우에는 송로버섯을 추가하고 삼겹살 대신 푸아그라를 소에 넣어주면 더욱 고급스러운 요리를 만들 수 있다.

■ 이 요리는 테린처럼 차갑게 먹어도 좋다. 이때 처트니(▶p.342 레시피 참조)를 곁들이면 아주 맛있게 즐길 수 있다.

# 견과류를 곁들인
# 돼지 목심

L'ÉCHINE DE PORC CONFITE AUX FRUITS SECS

## 6인분

준비 : **25분~35분**
양념에 재우기 : **6시간~12시간**
조리 : **3시간**

## ■ 재료

당근 1개
양파 1개
마늘 6톨
프로방스 허브
홀그레인 머스터드 60g
씨를 뺀 건자두 100g
돼지 목심(1.8kg) 1덩어리
화이트와인 200ml

물
소금
후추
볶은 땅콩 또는 캐슈너트(가염)
　50g

## ● 양념에 재우기

**1.** 당근과 양파의 껍질을 벗긴 뒤 씻는다. 작은 크기로 깍둑 썬다.

**2.** 마늘을 잘게 다진다.

**3.** 유리볼에 당근, 마늘, 양파를 넣고 허브를 첨가한다.

**4.** 홀그레인 머스터드를 넣는다.

**5.** 건자두를 넣는다.

6. 목심 덩어리를 양념에 넣고 잘 비비며 묻혀준다. 냉장고에 넣어 최소 6시간, 가능하면 12시간 정도 재운다.

**■ 유용한 팁!**
양념에 재워 휴지시키는 단계는 매우 중요하다. 맛이 잘 배일 뿐 아니라 고기를 연하게 하는 효과가 있다.

## ● 익히기

7. 고기의 양념이 배이면 양념 건더기를 닦아 낸 뒤 그릴 망에 올린다.

8. 오븐용 팬에 재움 양념을 펼쳐 놓는다.

9. 화이트와인과 약간의 물을 넣는다.

10. 고기를 얹은 망을 그 위에 놓고 간을 한다.

11. 170~180℃로 예열한 오븐에 넣어 3시간 동안 익힌다. 15분마다 흘러나온 육즙을 끼얹어준다. 팬의 수분이 없어지면 물을 조금씩 보충해가며 익힌다.

**■ 유용한 팁!**
고기 덩어리 표면에 색이 너무 빨리 나면 알루미늄 포일로 덮어 타는 것을 막아준다. 단, 오븐 팬 전체를 덮지는 않는다.

# 중요한 포인트

▶ 이 조리 테크닉은 고기를 직접 액체에 넣고 끓이지 않고도 더 맛있게 익힐 수 있는 방법이다. 고기 아래에 받친 오븐팬에는 항상 국물이 있어야 한다. 이로부터 발생하는 증기로 고기를 익히는 원리이다. 망 아래로 흘러내린 육즙 소스가 너무 졸아들면 물을 조금씩 보충해준다.

고기의 기름과 섞여 맛이 풍부한 소스가 된다. 이 육즙이 소스가 되므로 너무 진한색이 나지 않도록, 또 함께 익히는 채소 양념들이 타지 않도록 주의해야 한다.

## ● 플레이팅

**12.** 고기가 익으면 그 위에 굵직하게 부순 땅콩이나 캐슈너트를 얹는다.

**13.** 팬 아래에서 푹 익은 양념 건더기를 떠낸다.

**14.** 접시에 고기를 놓고 채소 건더기를 보기 좋게 곁들여 담는다. 기름기를 걷어낸(체에 거르지는 않는다) 육즙 소스를 끼얹어 서빙한다.

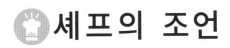 셰프의 조언

■ 이 방법으로 조리한 고기는 더욱 촉촉한 식감을 유지할 수 있으며 함께 조리한 양념 채소는 가니시로 곁들여 먹을 수 있다. 같은 방식으로 다양한 재료를 사용해 요리를 만들어보자.

■ 이 요리에는 필라프 라이스(▶ p.307 레시피 참조)를 곁들여 먹으면 좋다.

# 머스터드 소스를 곁들인 돼지 볼살

LES JOUES DE PORC À LA MOUTARDE

**6인분**

준비 : **30분(하루 전) + 30분(당일)**
마리네이드 : **12시간**
조리(오븐) : **최소 2시간**

### ■ 재료

당근 2개
양파 3개
양송이버섯 5개
셀러리 1줄기
마늘 1톨
돼지 볼살 1.5kg
소금
후추
식용유
(부르고뉴) 화이트와인 1병
코냑 100ml

타임
월계수 잎
밀가루 50g
갈색 육수 또는 로스트 육즙
 소스(선택사항)
매운맛이 강한 머스터드
 2테이블스푼
홀그레인 머스터드 2테이블스푼

## ● 고기 재우기(하루 전)

1. 당근, 양파, 양송이버섯, 셀러리를 씻어 껍질을 벗긴 다음 미르푸아(mirepoix)로 깍둑 썬다(▶ p.408 기본 테크닉, 미르푸아 썰기 참조).

2. 마늘을 짓이긴다.

3. 볼살을 깨끗이 닦은 뒤 껍질과 기름을 잘라낸다.

4. 볼살에 소금으로 밑간을 한 다음 기름을 뜨겁게 달군 팬에 놓고 스테이크처럼 지진다. 먹음직스러운 갈색이 나도록 지진 뒤 건져낸다.

### ■ WHY?

표면에 색이 나도록 지지면 고기 육즙을 보존할 수 있으며 더욱 좋은 풍미를 낼 수 있다.

5. 코코트 냄비에 깍둑 썬 당근, 양파, 셀러리를 넣고 노릇한 색이 나도록 볶는다.

**6.** 이어서 양송이버섯을 넣는다. 버섯은 볶을 때 수분이 나와 다른 채소에 노릇한 색을 내는 데 방해가 되므로 좀 나중에 넣어야 한다.

**7.** 화이트와인 반 병을 넣고 디글레이즈한다.

**8.** 볼에 볼살, 볶은 채소와 화이트와인을 넣는다.

**9.** 나머지 화이트와인을 잠기도록 붓는다. 코냑을 첨가하고 타임, 월계수 잎을 넣는다.

**10.** 냉장고에 넣어 12시간 동안 재운다.

## ● 익히기(당일)

**11.** 오븐팬에 밀가루를 펼쳐놓는다.

**12.** 190℃ 오븐에 넣어 로스팅한다.

**13.** 유산지에 덜어낸 뒤 볼에 담는다.

14. 재워둔 볼살과 양념 채소를 건진다.

15. 재워두었던 양념 채소를 냄비에 넣는다.

16. 그 위에 볼살 조각을 모두 얹은 뒤 로스팅한 밀가루를 뿌리고 잘 섞는다.

17. 고기와 채소를 재워두었던 와인 국물을 붓는다.

18. 끓을 때까지 가열한 다음 불을 붙여 플랑베한다. 표면에 뜨는 거품과 불순물을 건져낸다.

19. 매운맛의 머스터드를 넣는다.

20. 잘 저은 뒤 포토푀 육수나 갈색 고기 육수 또는 로스트 육즙 소스를 재료 높이만큼 넣어준다. 없으면 물을 넣어도 무방하다.

21. 뚜껑을 덮고 190℃ 오븐에서 최소 2시간 동안 익힌다.

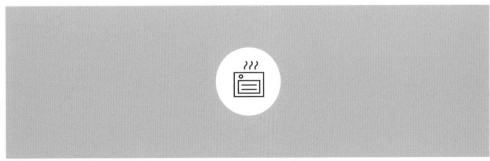

### ■ 유용한 팁!

고기의 익은 상태를 확인한다. 쉽게 살이 떨어질 정도로 아주 푹 익어야 한다. 조리가 완성되면 살이 부스러지지 않도록 조심스럽게 다루어야 한다.

## ● 플레이팅

**22.** 오븐에서 꺼내 냄비째 그대로 잠시 식힌 뒤 볼살을 건져낸다.

**23.** 남은 소스는 원뿔체에 넣고 국자로 채소 건더기를 꾹꾹 누르며 걸러낸다.

■ **유용한 팁!**

이 요리는 오전에 만들어 놓았다가 저녁 때 먹거나 혹은 하루 전날 만들어 두었다가 먹으면 더욱 좋다. 고기가 식으면서 소스의 맛이 더욱 진하게 배어 풍미가 훨씬 더 좋아진다.

**24.** 소스가 식었으면 다시 데운 다음 홀그레인 머스터드를 넣어준다. 간을 맞춘다.

**25.** 소스를 잘 저어 섞은 뒤 고기에 끼얹어 아주 뜨겁게 서빙한다.

 **셰프의 조언**

■ 일반적으로 소테 과정을 거친 재료의 마리네이드는 '차가운(à froid)' 재움액을 사용한다. 하지만 다음 날 소요될 시간을 좀 절약하고 더욱 진한 맛을 내기 위해 이 레시피에서는 '데워 익힌(à chaud)' 재움 양념을 사용했다. 재료를 미리 한 번 익힘으로써 맛과 풍미가 더 빨리 스며드는 효과를 낼 수 있다.

■ 소스에 홀그레인 머스터드를 넣고 난 후에는 다시 끓이지 않는다. 소스가 분리될 우려가 있다.

■ 이 돼지 볼살 요리에는 감자 퓌레(▶ p.290 레시피 참조)나 삶은 생 파스타(▶ p.303 레시피 참조)를 곁들이면 아주 좋다.

# 속을 채운
# 미니 채소 모둠

LES PETITS LÉGUMES FARCIS

**6인분**

준비 및 조리(전기레인지 조리
　포함) : **1시간 15분~1시간 45분**
조리(오븐) : **10분~12분**

### ■ 재료

프로방스산 미니 가지 3개
프로방스산 노랑 미니호박
　(둥근 모양) 3개
줄기토마토(각 40g) 6개
중간크기의 양송이버섯 6개
미니 주키니호박(길쭉한 모양)
　6개
올리브오일

소금

**토마토 콩카세**
큰 사이즈의 토마토 8개
마늘 2톨
적양파 1개
샬롯 1개
올리브오일
타임, 로즈마리
바질 1/2단
소금
에스플레트 고춧가루

**소 재료**
**줄기토마토 스터핑**
토마토 콩카세 150g
모차렐라 치즈 80g

소금
에스플레트 고춧가루

**가지 스터핑**
가지 1개
가늘게 간 파르메산 치즈 50g
소금
후추

**둥근 주키니호박 스터핑**
송아지고기 분쇄육 100g
소고기 분쇄육 100g
블랙올리브 타프나드(올리브,
　안초비, 올리브오일) 40g
소금
에스플레트 고춧가루

**버섯 스터핑**
중간 크기의 양송이버섯 3개 +
　자투리
샬롯 1개
이탈리안 파슬리 1/2단
송아지고기 분쇄육 80g
소고기 분쇄육 80g
소금, 후추
잣 30g

**길쭉한 주키니호박 스터핑**
주키니호박 150g
올리브오일
소금
염소치즈 80g
에스플레트 고춧가루
바질 1/2단

## ● 토마토 콩카세

**1.** 큼직한 토마토 8개를 끓는 물에 살짝 데친
뒤 껍질을 벗긴다(▶p.404 기본 테크닉, 토마
토 껍질 벗기기 참조). 속과 씨를 제거한 뒤 과
육만 사용한다.

**2.** 토마토 과육을 깍둑 썬다.

**3.** 마늘의 껍질을 벗긴 뒤 다진다. 적양파와 샬
롯을 잘게 썬다(▶p.402 기본 테크닉, 양파/샬
롯 잘게 썰기 참조).

**4.** 소테팬에 올리브오일을 달군 뒤 잘게 썬 양
파와 샬롯을 넣고 색이 나지 않게 볶는다. 이
어서 다진 마늘을 넣는다.

**5.** 토마토 과육을 넣고 타임, 로즈마리, 바질
줄기를 넣는다..

**■ 유용한 팁!**
허브를 한데 묶어 넣으면 토마토가 다 익은 뒤
쉽게 건져낼 수 있다.

**6.** 소금과 에스플레트 고춧가루로 간한다.

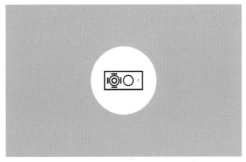

**7.** 뚜껑을 덮지 않은 상태로 불 위에서 15~20 분 정도 익힌다. 바닥에 눌어붙지 않도록 중간중간 잘 저어준다.

**8.** 토마토 콩카세가 다 익으면 볼에 덜어내 식힌다. 이어서 잘게 썬 바질 잎 몇 장을 넣고 잘 섞어준다.

## ● 채소 준비하기

**9.** 속을 채울 채소들(가지, 둥근 주키니호박, 줄기토마토, 양송이버섯, 길쭉한 주키니호박)을 모두 씻는다. 가지의 아래쪽 끝부분은 잘라내고 머리쪽 꼭지는 깨끗이 씻은 뒤 그대로 사용한다. 가지를 길게 반으로 자른다.

**10.** 둥근 주키니호박도 마찬가지로 씻고 머리쪽 꼭지를 그대로 둔 채 길이로 반 자른다.

**11.** 길쭉한 주키니호박은 윗부분을 조금 잘라낸 다음 길이로 반을 가른다. 잘라낸 뚜껑은 보관한다. 껍질 쪽 바닥면을 길이로 조금 잘라주면 오븐팬에 놓을 때 흔들리지 않고 안정적으로 자리를 잡을 수 있다.

**12.** 양송이버섯의 껍질을 얇게 벗긴 뒤 밑동은 떼어낸다. 버섯 갓 부분만 사용한다.

**13.** 줄기토마토를 끓는 물에 살짝 데쳐낸 뒤 찬물에 식힌다. 꼭지는 그대로 둔다.

**14.** 토마토의 껍질을 벗긴다.

15. 오븐팬이나 넓적한 오븐 용기에 준비한 채소(줄기토마토 제외)를 모두 한 켜로 배열한 뒤 올리브오일과 소금을 뿌린다.

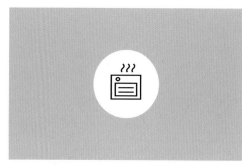

16. 190℃ 오븐에서 6~12분간 굽는다.

17. 채소가 익으면 속을 채울 수 있도록 살을 어느 정도 파낸다. 파낸 속살은 스터핑용으로 따로 보관한다.

## ● 토마토 스터핑

18. 줄기토마토 윗부분을 뚜껑처럼 가로로 잘라낸 다음 멜론볼러를 이용해 속을 살짝 파낸다.

19. 모차렐라 치즈를 작은 주사위 모양으로 썬 다음 토마토 콩카세와 섞는다. 소금, 에스플레트 고춧가루로 간한다.

20. 속을 파낸 토마토에 채운 뒤 잘라두었던 뚜껑을 덮어준다.

## ● 가지 스터핑

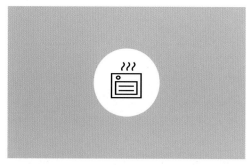

21. 가지를 길게 반으로 자른 뒤 살에 격자로 칼집을 넣는다. 올리브오일과 소금을 뿌려 팬에 굽는다. 이어서 오븐에 넣어 30분간 굽는다.

22. 가지의 살만 긁어낸다.

23. 여기에 미니 가지에서 파낸 속살 다진 것, 가늘게 간 파르메산 치즈를 넣고 잘 섞는다.

**24.** 소금, 후추로 간한다.

**25.** 미니 가지에 소를 채워준다.

## ● 둥근 주키니호박 스터핑

**26.** 둥근 주키니호박에서 파낸 속살 다진 것을 다진 고기와 잘 섞는다.

**27.** 타프나드를 넣어준다. 소금과 에스플레트 고춧가루로 간한 다음 잘 섞는다.

**28.** 둥근 미니 주키니호박에 소를 채워 넣는다.

## ● 양송이버섯 스터핑

**29.** 익힌 양송이버섯 밑동, 생 양송이버섯, 샬롯, 파슬리를 볶아 뒥셀(duxelles)을 만든다 (▶ p.134-135 버섯 뒥셀을 채워 익힌 서대 레시피 과정 1~8 참조).

**30.** 뒥셀을 식힌 뒤 다진 고기와 섞는다.

**31.** 간을 한다.

**32.** 양송이버섯의 갓 안에 소를 소복하게 채워 넣는다.

**33.** 잣을 삐죽삐죽하게 박아 모양을 낸다.

● **길쭉한 주키니호박 스터핑**

**34.** 주키니호박을 길이로 얇게 썬다.

**35.** 올리브오일을 두른 팬에 몇 분간 지진다. 소금으로 간한다.

**36.** 익힌 다음 굵직하게 다진다.

**37.** 포크로 으깬 염소치즈를 넣고 잘 섞는다.

**38.** 아주 약간의 소금과 에스플레트 고춧가루를 넣는다. 잘게 썬 바질을 넣어준다.

**39.** 갈라놓은 미니 주키니호박에 소를 채운 뒤 잘라두었던 뚜껑을 얹는다.

## ● 익히기, 플레이팅

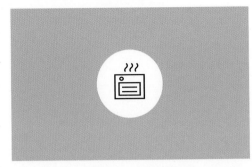

**40.** 180℃로 예열한 오븐에 양송이버섯, 둥근 주키니호박을 넣고 기호에 따라 5~10분간 굽는다. 채소에 채워 넣은 소가 익어야 한다. 완성된 채소들은 식힌 뒤 토마토 콩카세를 깔고 그 위에 얹어 차갑게 서빙하거나 2~3분 데워서 먹는다.

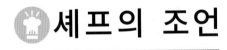

# 셰프의 조언

■ 여름철 요리인 이 레시피는 주로 차가운 애피타이저 또는 메인 요리로 즐겨 먹는다. 위에 제안한 5가지 레시피 외에도 소 재료를 다양하게 응용하거나 섞어서 변화를 줄 수 있다. 건살구나 꿀을 첨가하는 등 자신만의 개성있는 레시피로 확장해보자.

# 채소, 가니시

# 폼 수플레

LES POMMES SOUFFLÉES

**6인분**

준비 : **15분**
조리 : **15분**

**도구**
만돌린 슬라이서
조리용 온도계

## 재 료

감자 큰 것(agata 또는 agria
　품종) 8개
튀김용 기름(두 개의 냄비에
　준비)
소금

## ● 감자 준비하기

1. 감자의 껍질을 필러로 매끈하게 벗긴다.
칼자국이 남지 않도록 주의한다.

2. 물에 담그지 말고 재빨리 헹궈낸다.

### ■ 유용한 팁!
노란색 살의 단단한 재래종 감자를 선택한다.
큰 사이즈로 상처 난 자국이 없는 것을 고른다.

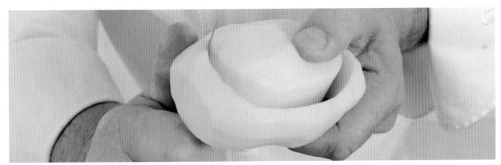

3. 감자를 완벽한 타원형으로 깎아 모양을 만
든다. 최대한 줄무늬, 홈이 남지 않도록 매끈
하게 마무리한다.

### ■ 유용한 팁!
잘라낸 자투리는 따로 모아두었다가 감자 퓌레
(▶ p.290 레시피 참조)를 만드는 데 사용한다.

4. 만돌린 슬라이서에 감자를 길게 놓고
4mm 두께로 자른다.

**5.** 슬라이스한 감자를 물에 씻은 뒤 면포에 놓고 물기를 완전히 뺀다.

**6.** 첫 번째 냄비에 튀김 기름을 넣고 175℃로 가열한 뒤(폼 수플레를 만들 때 튀김 온도는 가장 중요한 요소다) 감자 슬라이스 최소 10조각을 한 번에 넣는다. 냄비 가장자리를 잡고 살살 흔들어가며 튀긴다. 뜨거운 기름이 튀거나 쏟아지지 않도록 주의한다

■ **WHY?**

감자가 서로 부딪히면서 붙지 않고 떨어지며 부풀게 된다.

## 익히기

**7.** 몇 분이 지나 감자 슬라이스가 말랑하게 익으면(색이 진하게 나지 않은 상태) 건져서 190℃의 두 번째 기름 냄비로 옮겨 넣는다.

**8.** 감자가 바로 통통하게 부풀어 오른다.

# 중요한 포인트

▶ 두 냄비의 뜨거운 기름에 튀기는 이 작업은 조심하지 않으면 매우 위험하다. 감자를 부풀게 하기 위해 튀김 기름 안에서 뒤집을 때 특히 주의한다. 이때 전기레인지를 꺼도 된다.

**9.** 감자를 꺼내 겹치지 않게 나란히 놓은 뒤 종이타월을 사이에 깔고 그 위에 다시 놓는다.

**10.** 마르지 않도록 면포로 덮어준다.

**11.** 서빙 바로 전 190°C 기름에 감자를 1~2분간 튀긴다. 양면 고루 기름을 끼얹어주며 원하는 색이 나도록 튀겨낸다.

**12.** 꺼내서 바로 소금을 뿌린다.

**13.** 기름을 제거한 뒤 모양을 내어 접은 냅킨 위에 담아낸다(▶ p.442 냅킨 접기 테크닉 참조).

 # 셰프의 조언

■ 폼 수플레는 조리 중 실수로 처음 탄생한 것으로 전해진다. 19세기 초반 파리 생제르맹 앙 레(Paris-Saint-Germain-en-Laye) 노선 철도의 개통식이 있던 날, 고기 에스칼로프 요리와 튀긴 감자 메뉴를 준비할 예정이었던 한 셰프가 감자를 너무 일찍 튀겼고, 기차가 연착된다는 소식에 손님들이 도착할 때를 기다리며 기름에서 건져두었다고 한다. 이어서 감자를 데우려고 다시 뜨거운 기름에 넣었더니 통통하게 부풀어 올라 깜짝 놀랐다고 한다.

또한 전해 내려오는 설에 의하면 폼 수플레를 튀기는 첫 번째 기름으로 송아지 기름 녹인 것과 일반 식용유를 3:1로 섞어 사용하는 것이 좋다고 한다. 감자의 풍미가 더욱 좋아질 것이다.

# 엘리제식 감자 파이

LES POMMES MOULÉES ÉLYSÉE

## 6인분

준비 : **45분~1시간**
조리(오븐) : **55분**
휤지 : **15분**

### 도구
샤를로트 틀

## ▦ 재 료

무염 버터 200g
콩테(comté) 치즈 250g
감자(길쭉한 모양의 charlotte
  품종. 각 220g짜리) 12개
소금
후추
넛맥

## ● 재료 준비하기

**1.** 버터를 녹여 정제 버터를 만든다(▶ p.394 기본 테크닉, 정제 버터 만들기 참조).

**2.** 콩테 치즈를 강판에 간다.

**3.** 감자의 껍질을 벗긴 뒤 씻는다.

**4.** 칼로 감자를 돌려 깎아 균일한 크기의 원통형으로 도려낸 뒤 양쪽 끝을 수직으로 잘라낸다.

### ▦ 유용한 팁!

감자를 일정한 원통형으로 깎아낼 때 자투리 낭비를 최소화하기 위해서는 처음부터 고른 크기의 감자를 선택하는 것이 좋다. 모양대로 잘라내고 남은 자투리는 감자 퓌레(▶ p.290 레시피 참조)등 다른 레시피에 활용한다.

**5.** 만돌린 슬라이서를 사용해 감자를 4mm 두께로 썬다.

## ● 감자 미리 익히기

**6.** 소금을 넣은 끓는 물에 슬라이스한 감자를 넣고 4~5분간 데친다.

**7.** 건져서 물기를 잘 털어낸다.

### ■ WHY?
이 작업은 감자의 전분을 끌어내어 슬라이스끼리 서로 잘 붙게 해준다.

**8.** 감자를 깨끗한 면포에 펼쳐 놓는다.

**9.** 바로 소금, 후추로 간하고 넛멕을 조금 갈아 뿌린다.

## ● 조립하기

**10.** 지름 16cm, 높이 9cm 크기의 샤를로트 틀에 정제 버터를 붓으로 넉넉히 발라준다.

**11.** 감자 슬라이스를 바닥 둘레에 조금씩 겹쳐가며 꽃모양으로 빙 둘러 한 켜 깔아준다.

**12.** 가운에 빈 공간에 감자를 반대 방향으로 빙 둘러 깔아 메워준다.

**13.** 중앙에 감자 슬라이스 한 개를 놓아 빈틈이 생기지 않도록 채운다.

**14.** 첫 번째 켜 위에 감자를 반대 방향으로 빙 둘러 올린다.

**15.** 다른 틀로 살짝 눌러 감자 슬라이스들이 똑바로 자리를 잡도록 해준다.

**16.** 가늘게 간 콩테 치즈를 넣고 다시 감자를 빙 둘러 놓는다. 이와 같이 감자와 치즈를 번갈아 켜켜이 쌓는 작업을 끝까지 계속하여 틀을 채운다(6회).

**■ 유용한 팁!**

이 작업은 매우 중요하다. 켜켜이 쌓으면서 중간중간 살짝 눌러가며 잘 모양을 잡아주어야 나중에 틀을 제거할 때 감자파이가 무너지지 않는다.

**17.** 켜마다 감자를 반대 방향으로 빙 둘러 쌓는 것을 잊지 말자. 또한 가운데 부분에도 감자 슬라이스를 채워 공간을 메꿔주어야 형태를 잘 유지한다. 마지막 켜를 쌓은 다음에는 틀로 누르지 않는다.

**18.** 조립이 끝난 뒤 남은 정제 버터를 맨 위에 고루 붓는다.

**19.** 익히기 전 냉장고나 시원한 곳에 보관한다.

## 익히기

**20.** 전기레인지나 가스불에 올려 5분간 먼저 익힌 뒤 200℃로 예열한 오븐에 넣어 45분간 굽는다.

**21.** 중간에 꺼내서 알루미늄 포일을 덮어준다.

**WHY?**
구운 색이 너무 진하게 나고 겉이 마르는 것을 방지해준다.

**22.** 다 익으면 오븐에서 꺼낸 뒤 약 15분간 휴지시킨다. 다른 틀로 감자파이를 살짝 눌러준다.

**23.** 여분의 버터를 따라낸 다음 틀에서 분리한다.

## 🍳 셰프의 조언

■ 이 레시피는 다른 치즈를 사용하거나 당근과 감자를 교대로 쌓아 만드는 등 다양한 방법으로 변화를 줄 수 있다.

■ 사이사이에 얇게 슬라이스한 송로버섯을 넣어주면 크레시(crécy) 또는 사를라데즈(sarladaise) 감자 파이가 된다.

■ 이 요리는 고기나 생선 요리에 곁들이기에 이상적이다. 또한 이 감자파이 자체를 일품요리로 뜨겁게 혹은 차갑게 서빙해도 좋다.

# 폼 도핀

LES POMMES DAUPHINES

**6인분**

준비 및 조리(전기레인지
　조리 포함) : **1시간**
조리(오븐) : **40분**

**도구**
체
스크래퍼
짤주머니(선택)

**■ 재료**

굵은 소금
감자 800g
소금

**슈 반죽**
버터 80g
물 250ml
밀가루 125g
달걀 4개

## ● 감자 준비하기

1. 깨끗이 씻은 감자를 껍질째 굵은 소금 위에 놓는다.

2. 190℃ 오븐에 넣어 40분간 익힌다.

**■ 유용한 팁!**
칼끝으로 찔러보아 쉽게 들어가면 감자가 다 익은 것이다.

3. 오븐에서 꺼내 뜨거운 감자를 반으로 길게 자른다.

4. 감자 살을 스푼으로 긁어내 오븐팬에 넣는다. 증기가 최대한 날아가야 한다.

**■ 유용한 팁!**
감자 속살을 넣은 팬을 오븐 문 위에 얹어두어 따뜻하게 보관한다. 감자를 넓게 펼쳐놓을수록 수분이 빨리 날아간다.

## ● 폼 도핀 만들기

**5.** 소스팬에 버터 80g을 녹인 뒤 물 250ml 와 섞는다.

**6.** 불에서 내린 다음 밀가루를 붓는다.

**7.** 잘 섞은 뒤 다시 불에 올린다.

**8.** 되직한 반죽이 될 때까지 수분을 날리며 계속하여 세게 저어 섞어준다.

**9.** 볼에 덜어낸다.

**10.** 달걀 4개를 한 개씩 넣으며 그때마다 잘 섞어준다.

**11.** 반죽을 잘 치대어 섞는다.

**12.** 수분이 날아가 포슬포슬해진 뜨거운 감자 살을 체에 긁어내려 바로 슈 반죽에 넣어 준다.

### ■ 주의할 점!

체에 넣은 감자 살은 스크래퍼 등으로 꼼꼼히 눌러가며 곱게 긁어내려야 찐득해지지 않는다.

**13.** 체에 긁어내린 감자와 슈 반죽을 세게 저어 섞는다.

**14.** 소금을 넣은 뒤 랩을 씌워둔다.

## ● 익히기, 플레이팅

**15.** 깍지를 끼운 짤주머니에 혼합물을 채운다.

**16.** 160~170℃로 달군 튀김기름 위로 짤주머니를 들고 짜면서 물을 묻힌 칼로 잘라준다. 지름 2~3cm 정도 크기의 감자 볼이 되도록 한다. 튀겨지면서 부풀어 올라 서로 붙을 수 있으니 한꺼번에 너무 많이 짜넣지 않도록 주의한다.

**■ 유용한 팁!**

짤주머니로 짜는 대신 스푼 두 개를 사용해 폼도핀을 동그랗게 빚어 넣어도 된다.

**17.** 익어서 기름 위로 떠오르면 원하는 정도의 노릇한 색이 날 때까지 튀긴다.

**18.** 건져낸다.

**19.** 소금을 살짝 뿌린 다음 보기 좋게 접은 냅킨 위에 담아 나머지 기름을 뺀다.

# 셰프의 조언

■ 가능하면 어느 정도 묵은 감자를 선택한다. 특히 수분이 많은 햇감자는 피하는 것이 좋다. 빈체(bintje) 품종의 감자가 이 레시피에 가장 좋다.

■ 슈 반죽에 향신료, 잘게 썬 블랙올리브나 송로버섯 등을 첨가해 변화를 주어도 좋다. 이 감자를 생선 요리에 곁들이는 경우에는 감자 살에 훈제연어나 안초비를 잘게 다져 넣으면 좋다.

# 폼 퓌레

LES POMMES PURÉE

**6인분**

준비 : **15분~20분**
준비(전기레인지) : **20분**

**도구**
퓌레 그라인더, 체 또는
 포테이토 라이서

### 재료

감자(hollande 품종 타입)
 1.2kg
굵은 소금
버터 300g
우유(전유) 200ml

## 감자 준비하기

1. 감자의 껍질을 벗긴 뒤 씻는다. 단, 물에 오래 담가두지 않는다.

2. 감자를 굵직하게 썬다.

### 유용한 팁!
감자를 너무 작게 썰면 물을 많이 머금을 수 있으니 주의한다.

## 감자 퓌레 만들기

3. 냄비에 찬물을 채우고 굵은 소금을 넉넉히 넣는다. 감자를 넣고 완전히 익도록 약 20분간 삶는다.

### 유용한 팁!
감자가 물을 많이 먹어 질척해지지 않도록 센 불로 익힌다. 감자가 흐물어지도록 익은 후에도 불을 줄이지 않고 온도를 일정하게 유지한다.

4. 칼끝으로 찔러보아 감자가 푹 익었는지 확인한 다음 건져낸다.

**5.** 감자의 수분이 날아가도록 거름망 안에 몇 분간 그대로 둔 다음 유리볼이나 그라인더 안에 넣는다.

■ **WHY?**

수분이 최대한 날아가 포슬포슬해진 상태의 감자를 갈아 사용해야 질척하지 않은 퓌레를 만들 수 있다.

**6.** 체나 퓌레 그라인더를 이용해 감자를 갈아 으깬다.

■ **유용한 팁!**

감자를 체에 긁어내리거나 그라인더로 돌려서 곱게 가는 대신 위에서 아래로 눌러 으깨는 방법은 퓌레를 찐득하게 만들 수 있다.

**7.** 감자 살을 갈아낸 다음 차가운 버터를 넣고 주걱으로 잘 섞어준다.

**8.** 기호에 따라 뜨겁게 데운 우유를 넣어가며 원하는 농도로 조절한다.

**9.** 간을 맞춘다.

**10.** 부드럽고 걸쭉한 농도가 되도록 잘 저어 섞는다.

# 🍳 셰프의 조언

▨ 감자 퓌레를 만들 때는 분질이 많은 감자, 그중에서도 가능하면 재래종 감자를 선택하는 것이 좋다.

▨ 이 감자 퓌레는 곁들이는 메인 요리에 따라 농도를 더 되직하게 하는 등 식감을 조절할 수 있다. 예를 들어 소스가 있는 요리에 곁들이는 경우에는 퓌레에 우유를 조금만 넣어준다. 반면, 구운 고기류에 곁들일 때는 약간 묽은 농도의 부드러운 퓌레가 더 잘 어울리므로 우유의 양을 조금 더 늘려도 좋다.

▨ 이 기본 레시피를 바탕으로 허브, 향신료, 또는 기타 채소 등을 첨가하여 다양한 맛의 감자 퓌레를 만들 수 있다.

▨ 감자 퓌레는 가능한 한 오래 보관하지 않으며 다시 데워 먹지 않는 것이 가장 좋다.

# 그라탱 도피누아

LE GRATIN DAUPHINOIS

**6인분**

준비 및 조리(전기레인지) :
 **45분~1시간**
조리(오븐) : **5분~10분**

**도구**
만돌린 슬라이서

## ■ 재 료

감자 1.5kg
다진 마늘 5g
소금 15g
후추
강판에 간 넛멕 2g
우유 500ml
액상 생크림 500ml
버터
가늘게 간 그뤼예르(gruyère)
 치즈 125g

## ● 감자 준비하기

1. 감자의 껍질을 벗긴 뒤 씻는다. 단, 물에 오래 담가두지 않는다.

2. 만돌린 슬라이서나 칼로 얇게 썬다.

**■ 유용한 팁!**
감자의 선택이 중요하다. 너무 작지 않은 크기의 살이 단단한 품종을 고른다. 빈체(bintje) 품종이 가장 좋다.

3. 고르게 익을 수 있도록 균일하게 슬라이스 한다. 두께는 크게 상관없다.

**■ 주의할 점!**
감자를 썬 다음에는 물에 씻지 않도록 주의한다. 감자 살의 전분이 이 요리의 걸쭉한 농도를 만들어주는 역할을 한다.

## ● 익히기

**4.** 냄비에 감자 슬라이스와 다진 마늘을 넣는다.

■ **유용한 팁!**
마늘을 다지기 전, 반으로 갈라 안의 싹을 제거하면 쓴맛을 없앨 수 있으며 소화도 더 잘 된다.

**5.** 소금, 후추로 간하고 넛멕을 강판으로 조금 갈아 넣는다.

**6.** 생크림을 붓고 이어서 우유를 넣어준다. 잘 섞은 다음 끓을 때까지 가열한다.

**7.** 약하게 끓는 상태로 15~20분 정도 익힌다. 감자가 부서지지 않도록 살살 저으며 바닥에 눌어붙는 것을 막아준다.

**8.** 오븐용 용기에 붓으로 버터를 아주 얇게 발라준다.

**9.** 망국자로 감자를 건져 오븐 용기에 조심스럽게 옮겨 담는다.

**10.** 남은 우유와 크림을 졸인 뒤 감자 위에 끼얹어준다.

■ **유용한 팁!**
부드럽고 크리미한 그라탱을 만들기 위해 우유와 크림을 졸일 때 거품기로 잘 저어 응어리가 생기거나 바닥에 눌어붙지 않도록 한다.

**11.** 감자에 크리미한 소스를 부은 뒤 그릇을 잡고 옆으로 흔들어 크림과 감자가 고루 섞이도록 한다.

**12.** 가늘게 간 그뤼예르 치즈를 뿌려 덮어준다.

**13.** 180℃로 예열한 오븐에 넣어 표면이 그라탱처럼 노릇하게 구워질 때까지 익힌다.

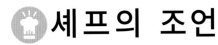

## 셰프의 조언

▦ 이 그라탱을 각각 접시에 서빙할 경우에는 일단 그라탱 용기에서 완성하여 식힌 뒤 커팅 틀로 잘라내어 뜨거운 오븐에서 다시 한 번 데워준다.

▦ 이 그라탱의 고전 레시피에서는 전통적으로 오븐에서 45분간 익히며 혼합물에 달걀노른자 한 개를 첨가한다.

# 그라탱처럼 구운
# 감자 뇨키

LES GNOCCHIS DE POMMES DE TERRE GRATINÉS

**6인분**

준비 : **20분**
조리 : **30분**

**도구**
채소 그라인더(푸드밀)

**재료**

감자 600g
가늘게 간 파르메산 치즈 80g
밀가루 80g
달걀노른자 2개분
소금
후추
올리브오일
버터 30g

## ● 뇨키 반죽 준비하기

**1.** 감자의 껍질을 벗긴 뒤 흐르는 물에 씻는다. 물에 너무 오래 담그지 않도록 주의한다.

**■ 유용한 팁!**
감자 살이 단단하고 분이 많은 품종을 고르고 가능하면 묵은 감자를 택한다. 이 레시피용으로는 빈체(bintje) 품종이 가장 좋다.

**2.** 감자를 큼직하게 자른다.

**3.** 오븐이나 찜기에 넣어 쪄낸다.

**4.** 감자가 익으면 뜨거운 오븐에 잠깐 넣어 최대한 수분을 날린다.

**■ WHY?**
이 작업은 감자의 수분을 제거하는 과정이다. 감자를 껍질째 소금 위에 올려 오븐에서 익혀도 좋다. 전문 요리사들은 적외선 열 램프 아래에 넣어 수분을 증발시키기도 한다.

**5.** 감자를 그라인더에 놓고 돌려 간다. 눈이 촘촘한 절삭망을 사용하면 더욱 매끈한 질감의 퓌레를 만들 수 있다.

**6.** 뜨거운 감자에 가늘게 간 파르메산 치즈와 밀가루를 넣어 섞는다.

**7.** 마지막으로 달걀노른자를 넣고 주걱으로 세게 휘저어 섞어준다. 간을 맞춘다.

# 중요한 포인트

▶ 뇨키에 향을 더하고 싶으면 이 단계에서 향신료, 커리, 허브 등을 기호에 따라 추가한다.

▶ 크리스마스 등 특별한 식사 때에는 다진 송로버섯을 넣기도 한다. 다진 올리브를 넣은 뇨키는 생선 요리와 아주 잘 어울린다.

## ● 뇨키 만들기

**8.** 작업대에 밀가루를 뿌린다.

**9.** 반죽을 굴려가며 균일하고 가는 원통형으로 만든다. 반죽이 으스러지지 않도록 너무 세게 누르지 않는다.

**유용한 팁!**
손에 중간중간 밀가루를 발라주면 이 작업을 쉽게 할 수 있다.

**10.** 유산지를 깐 오븐팬 위에 가는 원통형으로 만든 반죽을 올려놓는다.

**11.** 반죽을 일정한 크기로 작게 자른다.

**12.** 포크 뒷면으로 살짝 눌러 무늬를 내준다. 반죽이 으스러질 우려가 있으니 너무 세게 누르지 않도록 주의한다.

## ● 익히기

**13.** 소금을 넣은 끓는 물에 뇨키를 넣어 삶는다.

**14.** 뇨키가 익어서 떠오르면 망국자로 건져낸다.

**15.** 찬물에 몇 초간 담가 더 이상 익는 것을 중단시킨다.

**16.** 식은 뇨키를 망국자로 건져 다른 볼에 담는다.

**17.** 뇨키가 마르지 않고 서로 달라붙지 않도록 올리브오일을 조금 넣어 버무려둔다.

**■ 유용한 팁!**
이 과정까지는 서빙 몇 시간 전에 미리 해두어도 된다.

**18.** 서빙 시 팬에 버터를 녹인 뒤 노릇한 색이 나면 뇨키를 넣는다.

**19.** 뇨키가 부서지지 않도록 주의하며 볶는다. 노릇한 색이 나면 바로 서빙한다.

 # 셰프의 조언

■ 요리의 곁들임으로 서빙할 경우 파르메산 치즈를 조금 얹은 뒤 오븐에서 그라탱처럼 구워도 좋다.

■ 뇨키를 일품요리로 서빙할 경우 잘게 썬 햄이나 초리조를 추가하면 더욱 좋다.

# 생파스타

LES PÂTES FRAÎCHES

**6인분**

준비 : **15분**
휴지 : **30분~2시간**

**도구**
전동 스탠드 믹서,
플랫비터 핀(선택)
반죽 롤러(파스타 기계)

■ **재료**

밀가루 500g
달걀 6개
소금 15g
올리브오일

## ● 반죽하기

**1.** 플랫비터를 장착한 전동 스탠드 믹서 볼에 체에 친 밀가루를 넣는다. 작업대 위나 유리 볼에 넣어 반죽해도 된다.

**2.** 플랫비터를 돌려 혼합하며 달걀을 넣는다.

**3.** 소금을 한 자밤 넣는다.

**4.** 올리브오일을 넉넉히 한 바퀴 둘러준다.

**5.** 혼합된 반죽을 꺼내 밀가루를 살짝 뿌린 작업대 위에 놓는다.

**6.** 손바닥 아래쪽으로 누르듯 밀면서 반죽한다. 이 과정을 2번 해준다.

## ● 파스타 만들기

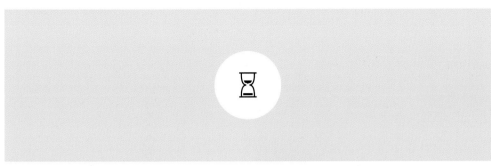

**7.** 반죽을 30분~2시간 휴지시킨다.

### ■ WHY?

모든 재료를 같은 온도, 즉 상온으로 만드는 것이 중요하다. 따라서 반죽을 휴지하는 과정이 필요하다. 단, 너무 오랜 시간 두지는 않는다. 반죽이 들러붙을 우려가 있다.

**8.** 파스타 기계로 반죽을 원하는 두께로 밀어준다.

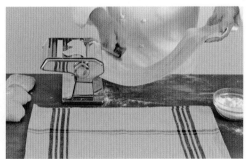

**9.** 달라붙지 않도록 밀가루를 새로 뿌려가며 필요하다면 여러 번 밀어준다.

**10.** 납작하게 민 반죽이 매끈한 상태가 되어야 한다.

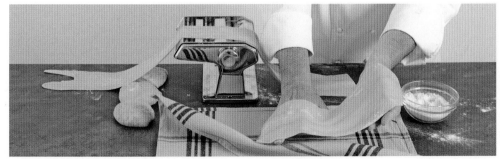

**11.** 밀어놓은 반죽을 원하는 길이로 잘라 나머지 반죽을 밀 동안 마르지 않도록 면포로 덮어둔다.

### ■ 유용한 팁!

각 반죽 사이사이에 유산지를 깔아 분리해두면 좋다.

**12.** 반죽을 원하는 폭의 국수로 잘라 유산지를 깐 팬 위에 놓는다.

**13.** 나머지 반죽을 마찬가지로 모두 잘라준다.

■ **유용한 팁!**
반죽을 국수로 자른 후에는 바로 삶아야 한다.
이것이 바로 생파스타의 장점이다.

## 🧑‍🍳 셰프의 조언

■ 맨 마지막 단계, 즉 파스타를 자를 때 원하는 간을 할 수 있다. 반죽에 사프란, 건조채소 분말, 혹은 오징어먹물 등으로 향을 내면 아주 맛있다.

■ 생파스타의 완성은 반죽을 밀고 잘라 바로 삶아 조리하는 데 있다. 하지만 경우에 따라 잘라놓은 생파스타를 건조시키거나 심지어 냉동할 수도 있다.

# 필라프 라이스

LE RIZ PILAF

**6인분**

준비 : **15분**
조리(오븐) : **17분**

**도구**
주방용 고기 포크(diapason)

## ■ 재료

양파 3개
식용유
버터 125g
소금
장립종 쌀 400g
닭 육수 600g
타임
월계수 잎

## ● 필라프 라이스 만들기

1. 양파를 균일한 크기로 잘게 썬다(▶ p.402 기본 테크닉, 양파/샬롯 잘게 썰기 참조).

2. 적당한 크기의 코코트 냄비에 기름 한 바퀴를 두르고 버터 50g을 녹인 뒤 양파를 넣고 약불에서 색이 나지 않게 볶는다.

3. 소금을 넣는다.

4. 양파가 투명하게 익으면 쌀을 넣고 기름이 고루 코팅되고 반투명해질 때까지 볶는다.

5. 소금을 넣는다.

6. 닭 육수를 붓는다.

**7.** 타임과 월계수 잎을 넣어 만든 부케가르니를 넣어준다(▶ p.401 기본 테크닉, 부케가르니 만들기 참조).

**8.** 끓어오를 때까지 센 불로 가열한 다음 필요하면 소금을 첨가한다.

**9.** 뚜껑을 덮은 뒤 180℃ 오븐에 넣어 17분간 익힌다.

**10.** 냄비를 오븐에서 꺼낸 뒤 나머지 버터 75g을 작게 잘라 넣어준다. 버터가 쌀밥에 잘 스며들도록 5~6분간 뜸을 들인다.

**11.** 밥에서 부케가르니를 건져낸 다음 긴 주방용 고기 포크로 고루 저어 쌀을 알알이 분리해준다. 간을 맞춘다.

## 🍳 셰프의 조언

■ 라이스는 굳을 수 있으니 냉장고에 넣지 않는 것이 좋다. 오전에 만들어 놓고 저녁 식사에 서빙할 경우 다시 데워서 낸다.

■ 필라프 라이스는 소스가 있는 생선, 가금육, 고기 요리에 곁들이면 아주 좋다. 곁들이는 메인 요리에 따라 이 레시피를 변형하여 응용할 수 있다. 생선 요리에 곁들이는 경우 닭 육수 대신 맑은 생선 육수로 밥물을 잡으면 좋다. 채식주의자인 경우라면 채소 육수로 대체할 수 있다.

■ 라이스에 원하는 재료를 다양하게 첨가할 수 있다. 단, 밥이 다 익은 후에 넣어준다.

# 바삭하게 지진 폴렌타

LA POLENTA CROUSTILLANTE

**6인분**

준비 및 조리(전기레인지) :
  **1시간 30분**
휴지 : **1시간~2시간**

**도구**
사각 무스링

### ■ 재료

양파 80g
버터 50g
흰색 닭 육수 750g
옥수수 세몰리나 폴렌타(중간
  입자) 250g
가늘게 간 파르메산 치즈 100g

고운 소금 10g
그라인더로 간 후추
올리브오일
밀가루
달걀 2개
빵가루 150g

## ● 폴렌타 익히기

**1.** 양파를 잘게 썬다(▶p.402 기본 테크닉, 양파/샬롯 잘게 썰기 참조).

**2.** 냄비에 버터 20g을 녹인 뒤 양파를 넣고 5~6분간 볶는다.

■ **유용한 팁!**
버터가 녹아 거품이 일기 시작할 때 양파를 넣는다.

**3.** 뜨겁게 끓인 닭 육수를 붓고 폴렌타를 양파 위로 고르게 뿌려 넣는다(▶ p.430 기본 테크닉, 흰색 닭 육수 만들기 참조).

■ **유용한 팁!**
항상 폴렌타의 3배(부피 기준)에 해당하는 육수를 넣어준다.

**4.** 잘 저어 섞으며 약불에서 45분간 익힌다.

# 중요한 포인트

▶ 폴렌타가 익어 걸쭉해지면서 어느 정도 굳으면 냄비 벽에서 떨어지게 된다.

▶ 시중에서 종종 찾아볼 수 있는 미리 익힌 폴렌타를 사용할 경우 조리 시간이 훨씬 짧아진다. 이 경우 육수의 양도 줄여야 한다.

**5.** 다 익으면 불에서 냄비를 내린 뒤 뚜껑을 덮고 10분간 뜸을 들인다.

**6.** 파르메산 치즈, 나머지 버터 30g을 넣는다. 소금, 후추로 간을 한다.

**7.** 유산지와 폴렌타를 넣을 사각 무스링 안쪽에 기름이나 버터를 바른다.

**8.** 유산지 위에 올린 틀 안에 폴렌타를 균일하게 채워 넣는다.

**9.** 빈틈없이 채운 뒤 기름을 묻힌 스텐 스패출러로 매끈하게 밀어준다.

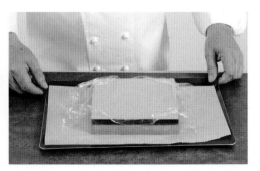

**10.** 랩으로 덮고 김이 빠져나가도록 귀퉁이는 살짝 들어놓는다. 냉장고에 1~2시간 넣어 둔다.

## 플레이팅

**11.** 냉장고에서 폴렌타를 꺼내 틀을 제거한다.

**12.** 폴렌타를 용도에 따라 한 입 크기로 자른다(원반형, 삼각형, 스틱형 등).

**13.** 밀가루, 달걀, 빵가루를 준비해 튀김옷을 입힌다. 먼저 밀가루를 묻힌 뒤 톡톡 두드린다.

**14.** 풀어놓은 달걀에 폴렌타를 담근다.

**15.** 빵가루에 굴려 묻힌다.

**16.** 정제 버터를 넉넉히 두른 팬에 폴렌타를 넣고 노릇하게 튀기듯 지진다.

# 셰프의 조언

■ 레시피 주제에 맞추어 폴렌타에 각종 향신료, 건포도 또는 올리브, 바질, 토마토 콩피 혼합물을 넣는 등 다양한 맛을 낼 수 있다.

■ 또는 빵가루에 허브를 첨가하는 등 튀김옷에 변화를 주는 방법도 가능하다.

■ 메인 요리에 곁들이는 용도로는 이 레시피가 이상적이다. 또한, 더 작은 미니 사이즈로 만들어 칵테일 안주용 핑거푸드로 서빙해도 좋다.

# 채소 아크라

LES ACCRAS DE LÉGUMES

**6인분**

준비 : **20분~40분**
휴지 : **30분~2시간**
조리 : **5분**

**도구**
채칼(선택)

## ▦ 재료

주키니호박 300g
당근 300g
쪽파 3~4대
고추 1개
라임 1개
다진 마늘 15g

이탈리안 파슬리(잘게 썬다) 15g
신선 타임(다진다) 2g
셀러리 솔트
후추
달걀노른자 4개분
밀가루 250g

베이킹파우더 6g
우유 300g
달걀흰자 2개분

---

## ● 반죽 혼합물 만들기

**1.** 주키니호박과 당근을 가늘게 채 썰어 각각 250g씩 계량해둔다. 채칼을 이용해도 좋다.

**2.** 쪽파를 잘게 송송 썬다.

▦ **유용한 팁!**
너무 수분이 많은 호박 속은 사용하지 않는 것이 좋다. 너무 길게 채 썰지 않는다. 최대 2~3cm 정도가 적당하다.

**3.** 고추의 씨를 빼고 잘게 썬다.

**4.** 유리볼에 당근, 주키니호박, 쪽파, 고추를 넣고 섞는다.

**5.** 라임 제스트를 살짝 갈아 넣는다.

**6.** 파슬리, 마늘, 타임, 셀러리 솔트, 후추를 넣어준다.

**7.** 다른 볼에 달걀노른자, 밀가루, 베이킹파우더를 넣고 거품기로 섞는다.

**8.** 멍울이 생기지 않도록 우유를 조금씩 넣어가며 잘 저어 섞는다.

**9.** 반죽을 채소가 담긴 볼에 넣어 잘 섞어준다.

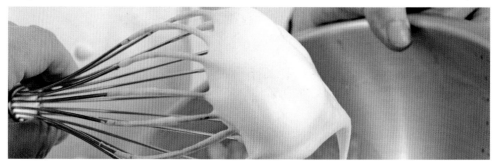

**10.** 달걀흰자를 휘저어 너무 단단하지 않게 거품을 올린다.

### WHY?

너무 단단하게 거품 낸 흰자는 알갱이가 생길 수 있으며 잘 섞이지 않는다. 거품기를 들어 올렸을 때 끝이 '새 부리' 모양이 되면 적당하다.

**11.** 거품 낸 달걀흰자를 반죽 혼합물에 넣고 섞는다.

**12.** 서늘한 장소에 30분 정도 두거나 냉장고에 2시간가량 넣어 휴지시킨다.

## ● 아크라 튀기기

**13.** 160~170℃로 달군 기름에 반죽을 작고 동그랗게 떠 넣어 튀긴다.

**14.** 서로 달라붙지 않도록 조심스럽게 저어 준다. 노릇하게 익을 때까지 몇 분간 튀긴다.

**15.** 건져서 기름을 털어낸 다음 면포 위에 놓고 소금을 뿌린다. 냅킨을 깐 접시에 담아 서빙한다(▶ p.440 냅킨 접기 테크닉 참조).

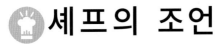

# 셰프의 조언

■ 이 채소 튀김은 재료비가 많이 들지 않고 만들기도 매우 쉬운 요리로 애피타이저, 곁들임, 또는 아페리티프로 인기가 많다. 계절과 기호에 따라 다양한 채소를 활용할 수 있다.

■ 미리 만들어 놓았다가 서빙하기 바로 전 다시 한 번 뜨겁게 튀겨내도 좋다. 냉장고에는 가능하면 넣어두지 않는 것이 좋다.

# 채소 바얄디

LE BAYALDI DE LÉGUMES

## 6인분

준비 및 조리(전기레인지
　조리 포함) : **30분~50분**
조리(오븐) : **최소 1시간**

### 도구
만돌린 슬라이서

## ■ 재료

가지(가는 것) 2개
주키니호박(가는 것) 3개
줄기토마토(각 50g) 6개
소금
후추

**토마토 콩카세**
토마토 큰 것 6개
흰 양파 3개
마늘 1톨
올리브오일
타임
로즈마리
소금

**양파 볶음**
펜넬 큰 것 1개
적양파 3개
올리브오일
소금
에스플레트 고춧가루
바질 잎 몇 장

● **토마토 콩카세**

1. 끓는 물에 토마토를 잠깐 데쳐 껍질을 벗긴다(▶ p.404 기본 테크닉, 토마토 껍질 벗기기 참조).

2. 속과 씨를 제거한 다음 토마토 과육만 깍둑 썬다(▶ p.408 기본 테크닉, 미르푸아 썰기 참조).

3. 흰 양파 3개의 껍질을 벗긴 뒤 잘게 썬다(▶ p.402 기본 테크닉, 양파/샬롯 잘게 썰기 참조).

4. 마늘의 껍질을 벗긴 뒤 다진다.

5. 올리브오일을 두른 소테팬에 잘게 썬 양파와 다진 마늘을 넣고 색이 나지 않게 볶는다.

6. 타임과 로즈마리를 넣는다.

7. 토마토 과육을 넣어준다.

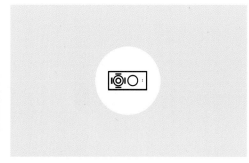

8. 간을 한 다음 뚜껑을 덮지 않은 상태로 불 위에서 15분간 익힌다. 눌어붙지 않도록 중간중간 잘 저어준다.

## ● 펜넬 양파 볶음

9. 펜넬의 껍질을 벗긴 뒤 얇게 썬다.

10. 적양파도 마찬가지로 껍질을 벗긴 뒤 얇게 썬다.

11. 소테팬이나 냄비에 올리브오일을 달군 뒤 양파와 펜넬을 넣고 나른해지도록 볶아준다. 소금을 넣는다.

12. 에스플레트 고춧가루를 넣고 연한 갈색이 나도록 볶는다.

### ■ 유용한 팁!

볶으면서 중간중간 물을 몇 방울씩 넣어주면 더 빨리 익힐 수 있으며 고르게 색을 낼 수 있다.

13. 토마토 콩카세가 완성되면 타임과 로즈마리를 건져낸 다음 유리볼에 덜어내 상온으로 식힌다. 잘게 썬 바질 잎을 넣고 잘 섞는다.

## ● 바얄디 조립하기

**14.** 가지, 주키니호박, 토마토를 깨끗이 씻은 다음 바얄디 구성용으로 균일하게 슬라이스한다. 먼저 만돌린 슬라이서를 이용해 가지를 얇게 썰고 이어서 주키니호박은 가지보다 약간 도톰하게 슬라이스한다.

**15.** 줄기토마토는 주키니호박보다 좀 더 도톰하게 칼로 썬다.

■ **WHY?**
각 채소의 특성에 따라 이처럼 다른 두께로 썰어야 고르게 익힐 수 있다.

**16.** 오븐용 용기에 토마토 콩카세를 고르게 펴 깔아준다.

**17.** 펜넬과 볶은 양파를 그 위에 펼쳐 얹은 뒤 필요한 경우 다시 간을 한다.

**18.** 그 위에 슬라이스 한 채소를 가지런히 배열한다. 가지와 주키니호박을 교대로 두 줄씩 얹은 뒤 토마토를 놓는다.

**19.** 각 채소 슬라이스를 촘촘히 붙여가며 이와 같은 순서로 반복하여 양파, 펜넬 층을 완전히 덮어준다. 소금, 후추로 간한다.

■ **WHY?**
가지와 주키니호박을 두 줄씩 배열한 뒤 토마토를 한 줄 넣어야 수분이 너무 많아 흥건해지는 것을 막을 수 있다.

## ● 익히기, 플레이팅

**20.** 올리브오일을 몇 방울 뿌린다.

**21.** 170~180℃ 오븐에 넣어 최소 1시간 익힌다. 수분을 한 김 날린 다음 오븐 용기 그대로 서빙한다.

### ■ 유용한 팁!

이 요리는 너무 세지 않은 온도로 천천히 조리해야 타지 않고 콩포트처럼 뭉근히 익는다.

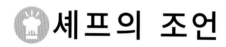

# 셰프의 조언

■ 기호에 따라 올리브나 잣 등의 재료를 넣어 변화를 주어도 좋다.

■ 오븐에서 꺼낸 뒤 지역 특산 햄 슬라이스 몇 장을 얹고 얇게 셰이빙한 파르메산 치즈를 뿌려주면 영양 면에서 더 완벽한 요리를 만들 수 있다.

■ 이 요리는 피크닉용 메뉴로도 이상적이다. 차갑게 먹어도 아주 맛있기 때문이다.

# 브레이징한 양배추

LA LAITUE BRAISÉE

**6인분**

준비 및 조리(전기레인지
　조리 포함) : **30분**
조리(오븐) : **약 2시간**

**도구**
브레이징용 냄비

### ■ 재 료

양상추 6송이
소금
당근 3개(150g)
양파 2개(150g)
마늘 1톨
베이컨 150g
식용유

버터 80g
후추
흰색 닭 육수 500ml
부케가르니 1개

## ● 양상추 및 부재료 준비하기

**1.** 양상추 겉의 크고 성성한 녹색 잎들을 찢어
지지 않도록 조심하며 떼어낸다.

**2.** 양상추 꼭지 쪽을 잘라낸다. 잎들은 분리
되지 않고 붙어 있는 상태를 유지해야 한다.

**3.** 소금을 넣은 끓는 물에 떼어둔 녹색 겉잎을
넣고 살짝 데친다.

**4.** 망국자로 건져 얼음물에 담가 식힌다. 이
데친 잎들은 속을 넣어 싸는 용도로 쓰인다.

### ■ 유용한 팁!
브레이징한 양배추 롤을 겉잎으로 감싸주지 않
아도 되지만 그렇게 하면 더 보기 좋다.

**5.** 남은 양상추 속잎 덩어리도 같은 냄비에 넣
어 데친다(3~4분이면 충분하다). 찬물에 식
혀 건진다.

**6.** 양상추 속잎 덩어리를 조심스럽게 짜 물기를 제거한다.

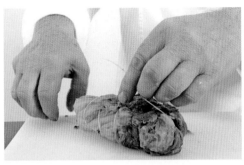

**7.** 양상추가 조리중 분리되지 않도록 주방용실로 살짝 묶어준다.

**8.** 당근과 양파의 껍질을 벗긴 뒤 마티뇽 (matignon)으로 잘게 썬다(▶ p.406 기본 테크닉, 마티뇽 썰기 참조).

**9.** 마늘을 반으로 잘라 싹을 제거한 뒤 짓이긴다.

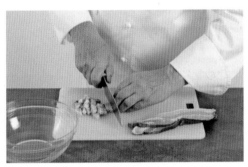

**10.** 베이컨을 라르동 모양으로 썬다.

## ● 익히기

**11.** 소테팬에 기름과 버터를 달군 뒤 베이컨을 넣어 볶는다.

**12.** 기름을 덜어내지 않고 그 팬에 당근과 양파를 넣고 잘 섞으며 볶는다.

**13.** 마늘을 넣고 간을 한다. 수분이 나오도록 살짝 볶는다.

**14.** 그 위에 실로 묶은 양상추 송이들을 올린다.

**15.** 닭 육수를 재료 높이만큼 붓는다(▶ p.430 기본 테크닉, 흰색 닭 육수 만들기 참조). 부케가르니를 넣는다(▶ p.401 기본 테크닉, 부케가르니 만들기 참조).

**16.** 끓을 때까지 가열한다.

**17.** 끓어오르기 시작하면 유산지로 뚜껑을 만들어 덮은 뒤 160℃ 오븐에 넣어 1시간 45분간 익힌다(▶ p.436 기본 테크닉, 유산지로 뚜껑 만들기 참조).

**▌유용한 팁!**
오븐에 조리하는 동안 중간중간 양상추에 국물을 끼얹어주고 여러 번 뒤집어 준다.

## ● 완성하기, 플레이팅

**18.** 다 익으면 양상추를 건져내 양념재료를 깨끗이 걷어낸 뒤 실을 풀어준다. 익히고 남은 소스는 따로 보관한다.

**19.** 칼로 길게 갈라 안의 속심을 제거한다.

**20.** 랩이나 면포를 이용해 다시 원래의 형태로 모양을 잡아준다.

**21.** 녹색 겉잎으로 싸준다. 우선 겉잎의 굵은 잎맥을 잘라낸다.

**22.** 브레이징한 양상추 송이를 그 위에 놓는다.

**23.** 녹색 잎으로 싸준다.

**24.** 두 번째 녹색 잎을 그 위에 올린 뒤 브레이징한 양상추를 완전히 감싸준다. 나머지 양상추도 모두 녹색 겉잎으로 감싸준다.

**▨ 유용한 팁!**
녹색 겉잎으로 감쌀 때 소 재료를 넣거나 가늘게 썬 햄 또는 송로버섯 등을 넣어주어도 좋다.

**25.** 서빙하기 바로 전, 녹인 버터를 붓으로 바른 뒤 소스 없이 오븐에 몇 분간 데운다.

**26.** 남은 소스에서 부케가르니와 마늘, 양상추 잎 조각 들을 모두 건져낸 다음 버터를 조금 넣어준다.

**27.** 소스와 남은 양념을 버터와 잘 섞으며 졸인 뒤 브레이징한 양상추에 끼얹어 서빙한다. 혹은 접시 옆에 따로 곁들여내도 좋다.

# 양송이버섯 마카롱

LES MACARONS DE CHAMPIGNONS DE PARIS

**6인분**

준비 : **35분**
조리 : **20분**

**도구**
원형 쿠키커터(지름 4cm)

### ■ 재료

양송이버섯(균일한 크기로
  고른다) 24개
양송이버섯 1kg
샬롯 250g
마늘 2톨
이탈리안 파슬리 1/2단

올리브오일
소금
버터 75g
콩테 치즈 슬라이스(1.5mm
  두께) 6장
후추

## ● 재료 준비하기

**1.** 양송이버섯 24개를 깨끗이 씻은 뒤 밑동을 바싹 잘라낸다. 잘라낸 밑동은 따로 보관한다.

**2.** 나머지 양송이버섯 1kg을 씻어 깨끗이 닦아준 다음 뒥셀용으로 다진다. 보관해두었던 양송이버섯 밑동도 함께 다진다.

**3.** 샬롯의 껍질을 벗긴 뒤 잘게 썬다(▶ p.402 기본 테크닉, 양파/샬롯 잘게 썰기 참조).

**4.** 마늘의 껍질을 벗긴 뒤 다진다.

**5.** 이탈리안 파슬리를 잘게 썬다(▶ p.400 기본 테크닉, 허브 잘게 썰기 참조).

## ● 익히기

6. 소테팬에 올리브오일을 한 바퀴 두른 뒤 양송이버섯 갓 24개를 우묵한 쪽이 위로 오도록 놓고 지진다.

7. 소금을 조금 뿌린다.

8. 버터 25g을 넣은 뒤 뚜껑을 닫는다.

9. 버섯 크기에 따라 5~8분 정도 익힌다. 버섯에서 나온 즙이 너무 많이 증발하면 안 된다. 플레이팅 시 필요하다.

### ■ 유용한 팁!
즙이 너무 빨리 졸아들면 익히는 중간중간 물을 몇 방울씩 넣어준다.

10. 다른 소테팬에 기름 몇 방울과 나머지 버터 50g을 두른 뒤 샬롯과 다진 마늘을 넣고 수분이 나오도록 볶는다.

11. 잘게 썰어둔 버섯을 넣고 소금을 조금 뿌린 뒤 뚜껑을 닫는다.

12. 버섯에서 수분이 나오면 뚜껑을 열고 중약불에서 계속 저어주며 익힌다. 수분이 모두 증발할 때까지 볶아준다.

13. 버섯 뒥셀이 다 익으면 잘게 썬 파슬리를 넣고 소금, 후추로 간을 맞춘다.

## ● 조립하기, 플레이팅

**14.** 양송이버섯 갓을 체에 거르며 볼에 덜어낸다. 즙은 따로 보관한다.

**15.** 양송이 갓 안에 뒥셀을 채운 다음 마카롱처럼 또 하나의 양송이로 덮어준다.

**16.** 재료가 모두 소진될 때까지 마찬가지 방법으로 반복한다.

**17.** 지름 4cm 원형 커터로 콩테 치즈를 잘라낸다.

**18.** 양송이버섯 마카롱 위에 모양을 맞추어 치즈를 깔끔하게 한 장씩 얹어준다. 동그란 치즈의 크기가 버섯보다 너무 크면 안 된다. 녹아 흘러내릴 수 있다.

**19.** 따로 보관해 두었던 버섯 즙을 졸인 뒤 윤기나게 끼얹어준다.

## 🧑‍🍳 셰프의 조언

■ 소로 채워 넣는 뒥셀에 다른 종류의 버섯을 사용하여 다양한 변화를 주어도 좋다. 생선이나 고기 살을 첨가해 오븐에 잠깐 구워내면 영양면에서 더욱 풍성한 요리가 된다.

■ 이 버섯 요리는 차갑게 또는 따뜻한 애피타이저로도 서빙할 수 있다. 작은 사이즈의 양송이를 사용해 미니 버섯 마카롱을 만들면 칵테일 안주용 핑거 푸드로 아주 좋다.

# 미니 포르치니 버섯 볶음

LA FRICASSÉE DE CÈPES BOUCHONS

**6인분**

준비 및 조리(전기레인지) :
 **30분~40분**

**도구**
버섯 세척용 솔(선택)

## ■ 재 료

작고 통통한 포르치니 버섯
 (cèpes bouchon) 30개
샬롯 2개
마늘 2톨
이탈리안 파슬리 1/2단
올리브오일
버터 50g
소금

후추

## ● 버섯 준비하기

1. 작은 포르치니 버섯 밑동을 연필 깎듯이 다듬는다. 살의 낭비를 최소화하며 흙 묻은 부분을 제거한다.

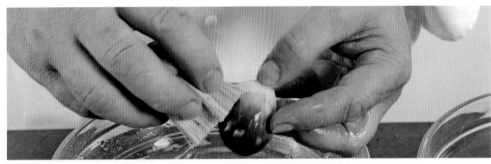

2. 부드러운 버섯 세척용 솔에 물을 조금 묻혀 남은 흙을 꼼꼼히 닦아준다.

### ■ 주의할 점!

버섯은 수분을 금방 흡수하므로 물에 오래 담가 두면 안 된다. 흐르는 물에 헹구거나 물이 담긴 볼에 넣어 재빨리 씻어주면 충분하다.

3. 샬롯의 껍질을 벗긴 뒤 잘게 썬다(▶ p.402 기본 테크닉, 양파/샬롯 잘게 썰기 참조).

4. 마늘의 껍질을 벗긴 뒤 짓이긴다.

**5.** 이탈리안 파슬리를 씻어 잎만 떼어낸 다음 굵직하게 다진다.

**6.** 포르치니 버섯을 세로로 이등분한다.

## 익히기

**7.** 달구지 않은 프라이팬이나 소테팬에 짓이긴 마늘과 올리브오일 6테이블스푼을 넣고 불에 올린다. 마늘이 노릇해지도록 서서히 가열한다.

■ **주의할 점!**
너무 센 불로 가열하지 않는다. 마늘이 타지 않고 서서히 기름에 향을 내도록 6~7분 정도 천천히 가열한다. 이러한 이유로 처음에 오일과 마늘을 차가운 상태에서 함께 가열하기 시작하는 것이 중요하다.

**8.** 마늘이 황금색이 나면 건져내고 기름은 팬에 그대로 둔다.

**9.** 마늘향이 우러난 이 기름에 반으로 자른 버섯을 넣는다.

**10.** 버섯을 저어주며 고루 노릇한 색이 나도록 볶는다.

■ **주의할 점!**
너무 짙은 갈색이 날 때까지 볶으면 금방 쓴맛이 나니 주의한다.

**11.** 버섯이 가볍게 튀겨지듯 익으면 버터와 잘게 썬 샬롯을 넣어준다.

**12.** 버섯이 팬에 눌어붙지 않도록 계속 흔들며 볶아준다.

**13.** 몇 분간 익힌 뒤 파슬리를 넣는다.

**14.** 소금, 후추로 간한다.

**15.** 버섯이 금방 식지 않도록 우묵한 그릇이나 서빙용 작은 코코트 냄비 등에 담아 바로 서빙한다.

 # 셰프의 조언

■ 이 레시피에서는 사이즈가 작고 맛이 더 좋은 미니 포르치니 버섯 '세프 부숑(cèpes bouchons)'을 사용했다. 크기가 작기 때문에 더 빨리 익는다. 큰 버섯을 사용할 때는 두 단계로 나누어 익히는 것이 좋다. 우선 포르치니 버섯을 재빨리 씻어 흙을 제거한 뒤 갓과 밑동을 분리하고 갓 부분만 올리브오일을 조금 뿌려 오븐(180℃)에 15분간 굽는다. 그 다음 위의 레시피 방법대로 밑동와 함께 익히면 된다.

■ 이 버섯 요리에 얇게 썬 햄이나 잘 익은 생 무화과를 잘라 얹으면 더 맛있고 풍성한 요리가 된다.

■ 이 버섯 볶음은 메인 요리에 따뜻하게 가니시로 곁들이기 좋을 뿐 아니라 샐러드나 애피타이저로 차갑게 먹어도 맛있다. 이 경우, 조리과정에서 버터를 생략한다.

# 곁들임, 소스

# 홈메이드 블리니스

LES BLINIS MAISON

**6인분**

준비 : **10분(하루 전) + 10분
(당일)**
휴지 : **12시간**
조리(전기레인지) : **3분**

**도구**
전동 스탠드 믹서, 플랫비터 핀
(선택)

### ▊ 재료

제빵용 생이스트 50g
우유(전유) 1리터
메밀가루 300g
밀가루 (박력분 T45) 200g
게랑드 소금 20g
굵게 부순 통후추 2g
넛멕
달걀 3개

## ● 반죽 혼합물 준비하기(하루 전)

**1.** 볼에 이스트를 넣고 우유 250ml를 부으며 잘 개어준다.

### ▶ 유용한 팁!
우유를 미리 따뜻하게 데워 사용하면 이스트를 더 쉽게 풀어줄 수 있다.

**2.** 다른 볼에 메밀가루와 밀가루를 체에 쳐 내린다.

**3.** 게랑드 소금을 넣어준다.

**4.** 후추를 갈아 뿌린다.

**5.** 넛멕을 그레이터에 갈아 뿌린다.

**6.** 나머지 우유를 넣는다.

**7.** 진득한 반죽이 되도록 거품기로 잘 저어 섞는다.

**8.** 우유에 개어 둔 이스트를 넣어준다.

**9.** 거품기로 세게 휘저어 섞는다.

**10.** 냉장고에 넣어 12시간 휴지시킨다.

### ■ 유용한 팁!

시간이 급한 경우 상온에서 2시간 휴지시켜도 된다. 하지만 섭취 후 더 잘 소화되는 블리니스를 만들려면 냉장고에서 장시간 숙성 시키는 것을 추천한다.

## ● 반죽 만들기(당일)

**11.** 달걀흰자와 노른자를 분리한 다음 노른자를 풀어준다(▶ p.395 기본 테크닉, 달걀 분리하기 참조).

**12.** 흰자는 비교적 단단하게 거품을 올린다.

**13.** 노른자를 거품 낸 흰자와 섞는다.

**14.** 달걀 혼합물을 반죽에 넣고 섞는다. 필요한 경우 간을 조절한다.

**15.** 팬에 반죽을 원하는 사이즈로 동그랗게 떠 놓는다.

**16.** 양면을 각각 1분 30초씩 굽는다.

## 셰프의 조언

▦ 블리니스는 양념에 재운 연어(▶ p.54 레시피 참조) 또는 훈제연어에 곁들이기에 안성맞춤이다. 또한 카나페나 샌드위치용으로 사용해도 아주 좋다.

▦ 기호에 맞게 양념을 하거나 해초, 사프란, 올리브, 허브 등을 넣어 향을 더해도 좋다.

# 처트니

LE CHUTNEY

## 처트니 약 300g 분량

준비 및 조리(전기레인지
  조리 포함 : **45분~1시간**
조리(오븐) : **2시간**

## ▨ 재료

흰 양파 2개
적 양파 2개
샬롯 4개
셀러리악 1/2개
당근 3개
사과(golden 품종) 3개
서양배(williams 품종) 2개
망고 1개

올리브오일
소금
후추
고수 씨 20g
셰리와인 식초 250ml
알이 작은 건포도 200g

## ● 채소, 과일 재료 썰기

**1.** 양파와 샬롯의 껍질을 벗겨 잘게 썬 다음 (▶ p.402 기본 테크닉, 양파/샬롯 잘게 썰기 참조) 첫 번째 볼에 담는다.

**2.** 셀러리악과 당근의 껍질을 벗긴다.

**3.** 셀러리악과 당근을 브뤼누아즈(brunoise)로 잘게 깍둑 썰어 두 번째 볼에 담는다(▶ p.402 기본 테크닉, 브뤼누아즈 썰기 참조).

**4.** 사과, 배, 망고의 껍질을 벗긴다.

**5.** 이 과일들도 브뤼누아즈로 작게 썰어 세 번째 볼에 담는다.

## ● 익히기

**6.** 오븐 사용이 가능한 소테팬이나 코코트 냄비에 기름을 두른다.

**7.** 양파와 샬롯을 넣고 아주 살짝만 노릇해지도록 볶는다.

**8.** 당근, 셀러리악을 넣고 수분이 나오도록 볶는다.

**9.** 소금, 후추로 간한다.

**10.** 곱게 빻은 고수 씨를 넣는다.

**11.** 뚜껑을 덮고 살짝 색이 나도록 익힌다.

**12.** 셰리와인 식초를 넣어 디글레이즈한다.

**13.** 작게 썬 사과, 배, 망고를 넣어준다.

**14.** 마지막으로 건포도를 넣고 잘 섞은 뒤 뚜껑을 덮어준다.

**15.** 190℃로 예열한 오븐에 넣어 2시간 동안 익힌다.

■ **유용한 팁!**
완성된 처트니는 잼과 비슷한 상태가 되어야 한다. 냄비나 소테팬에 수분이 너무 많으면 잠깐 뚜껑을 열어 수분을 날려준다.

 **셰프의 조언**

■ 처트니는 잼 병에 넣어 밀봉한 뒤 거꾸로 뒤집어 두어 진공 상태를 만든다. 식힌 뒤 냉장고에 넣어두면 몇 주간 보관이 가능하다.

■ 기호에 따라 다양한 과일과 채소를 사용해 처트니를 만들 수 있다. 겨울철에는 밤과 파인애플을 넣어 만들어도 아주 맛있다.

■ 처트니는 전통적으로 푸아그라에 곁들여 먹는다. 그 외에 각종 테린이나 치즈 등에 곁들여도 잘 어울린다.

# 마요네즈

LA MAYONNAISE

**6인분**

소요시간 : **5분**

■ **재 료**

달걀노른자 1개분
매운맛이 강한 머스터드
　1테이블스푼
소금
후추
화이트와인 식초 또는 레몬즙
　40ml

포도씨유 200ml

**1.** 달걀의　흰자와　노른자를　분리한다(▶
p.395 기본 테크닉, 달걀 분리하기 참조).

**2.** 마요네즈를 만들 볼에 달걀노른자를 넣는다.

**3.** 머스터드 1테이블스푼을 넣어준다.

**4.** 소금으로 간한다.

**5.** 후추를 갈아 넣는다.

**6.** 식초 또는 레몬즙을 넣고 풀어준 다음 거품기로 저어 섞는다.

**7.** 거품기로 계속 휘저어 섞으면서 포도씨유를 조금씩 넣어준다.

■ **유용한 팁!**

기름을 추가하면 더욱 되직한 농도의 마요네즈를 만들 수 있다. 반대로 달걀노른자 양이 많아지면 농도가 더 부드러워지며 풍부한 맛이 난다. 포도씨유는 마요네즈가 굳지 않으면서 신선하게 유지되도록 해준다.

**8.** 간을 맞추고 부드럽고 크리미한 농도가 될 때까지 계속 거품기로 저어준다.

# 🧑‍🍳 셰프의 조언

■ 향과 풍미에 변화를 주기 위해 다양한 종류의 기름(올리브오일, 포도씨유, 참기름 등)과 식초(시드르 식초, 화이트 발사믹, 세리와인 식초 등)를 사용하거나 기호에 따라 여러 종류를 섞어 사용해도 좋다.

■ 이 기본 레시피를 바탕으로 타르타르 소스, 칵테일 소스 등 여러 파생 소스를 만들 수 있다.

■ 채소나 생선 요리에 곁들이는 경우 마요네즈에 약간의 마늘과 사프란을 첨가하면 더욱 좋다.

# 홀랜다이즈 소스

LA SAUCE HOLLANDAISE

**6인분**

준비 : **10분~20분**
조리(중탕) : **10분**

**도구**
소스 서빙 용기

### ▨ 재료

물 200ml
화이트와인 식초 100ml
소금
굵게 부순 통후추
달걀 3개
버터 250g
레몬즙

## ● 사바용 만들기

**1.** 적당한 크기의 소스팬에 물과 식초를 넣고 1/3로 졸인 뒤 식힌다.

**2.** 소금을 '넉넉히' 넣고 후추를 넣어준다.

**3.** 달걀의 흰자와 노른자를 분리한다(▶ p.395 기본 테크닉, 달걀 분리하기 참조). 큰 볼에 노른자를 넣는다.

**4.** 노른자 위에 물과 식초 졸인 것을 붓는다.

**5.** 물을 끓인 중탕 냄비 위에 볼을 올린 뒤 거품기로 잘 젓는다.

**6.** 거품기로 계속 저어 사바용 상태로 만든다. 불에서 내린다.

## ● 홀랜다이즈 소스 만들기

**7.** 소스팬에 버터를 녹인다. 끓지 않도록 주의한다.

**8.** 필요하면 정제 버터를 만든다(▶ p.394 기본 테크닉, 정제 버터 만들기 참조). 또는 좋은 품질의 비멸균 버터를 녹인 뒤 유청을 제외하고 사용한다.

**9.** 사바용에 정제 버터를 조금씩 넣으면서 계속 같은 방향으로 저어 유화한다.

**10.** 간을 맞추고 레몬즙을 몇 방울 뿌린다.

**11.** 고운 원뿔체에 거른다.

**12.** 국자로 잘 눌러 뭉친 덩어리 없이 곱게 체에 걸러 내린다. 거른 소스를 다시 중탕 냄비 위에 놓고 가열한다. 원하는 농도가 되면 소스 용기에 담아 서빙한다.

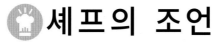

# 셰프의 조언

▓ 이 기본 레시피를 바탕으로 샹티이(chantilly) 소스, 무슬린(mousseline) 소스, 누아제트(noisette) 소스 등 각종 파생 소스를 만들 수 있다.

▓ 서빙할 때까지 소스를 뜨겁게 유지하고 분리되지 않도록 주의한다. 소스가 분리된 경우에는 찬물 몇 방울 또는 얼음 한 개를 넣고 거품기로 휘저어 다시 유화한다.

# 베아르네즈 소스

LA SAUCE BÉARNAISE

**6인분**

준비 : **10분~20분**
조리(중탕) : **10분**

### 도구
소스 서빙 용기

### ■ 재료

큼직한 사이즈의 샬롯 2개
타라곤, 처빌 줄기
화이트와인 200ml
화이트와인 식초 또는 타라곤
  식초 200ml
소금
굵게 부순 통후추
달걀노른자 3개

버터 250g
처빌 잎 5g
타라곤 잎 10g

## ● 베이스 혼합물 졸이기

**1.** 샬롯을 잘게 썬다(▶ p.402 기본 테크닉, 양파/샬롯 잘게 썰기 참조).

**2.** 처빌과 타라곤 줄기를 잘게 썬다.

**3.** 중간 크기 소스팬에 화이트와인과 식초를 넣고 1/3로 졸인다.

**4.** 샬롯과 타라곤, 처빌 줄기를 넣는다.

**5.** 소금과 굵게 부순 통후추를 넣어준다.

### ■ 유용한 팁!
재료가 색이 나도록 익으면 안 된다. 소스는 흰색으로 완성되어야 한다.

## ● 베아르네즈 소스 만들기

**6.** 다른 소스팬에 버터를 녹인다. 끓어오르지 않도록 주의한다. 가능하면 불순물과 유청을 제거해 정제 버터를 만든다.

**7.** 볼에 달걀노른자를 넣고 와인과 식초 졸인 것을 붓는다. 물을 끓인 중탕 냄비 위에 볼을 올린다.

**8.** 사바용 상태가 될 때까지 거품기로 계속 저어 유화한다.

**9.** 정제 버터를 조금씩 넣으면서 계속 같은 방향으로 저어 유화한다.

**10.** 간을 맞춘 뒤 고운 원뿔체에 걸러 내린다.

**11.** 잘게 썬 허브를 넣은 뒤 서빙한다.

## 👨‍🍳 셰프의 조언

■ 이 기본 레시피를 바탕으로 쇼롱(choron) 소스, 팔루아즈(paloise) 소스, 푸아요(foyot) 소스 등 각종 파생 소스를 만들 수 있다.

■ 베이스 재료 혼합물(화이트와인, 식초, 샬롯, 굵게 부순 통후추, 처빌, 타라곤)은 몇 시간 전 혹은 며칠 전에 미리 만들어두어도 된다.

■ 좀 더 투박하고 직관적인 맛의 베아르네즈 소스를 만들려면 체에 거르지 말고 샬롯과 굵게 부순 통후추를 그래도 남겨두어도 좋다. 서빙할 때까지 소스는 따뜻하게 유지하고 분리되지 않도록 주의한다. 소스가 분리된 경우에는 찬물 몇 방울 또는 얼음 한 개를 넣고 거품기로 휘저어 다시 유화한다.

# 보르들레즈 소스

LA SAUCE BORDELAISE

**6인분**

골수 물에 담가두기 : **24시간**
준비 : **10분~20분**
조리 : **30분**

**도구**
소스 서빙 용기

## ■ 재료

사골 뼈 2개
식초
레드와인 500ml
타임 1줄기
월계수 잎 1/2장
큼직한 사이즈의 샬롯 2개
소금

굵직하게 부순 통후추
에스파뇰 소스(sauce
  espagnole)
레몬즙
데미글라스(선택)

## ● 사골 골수

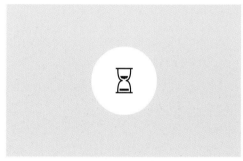

**1.** 토막 낸 사골 뼈에서 골수를 빼낸다.

**2.** 골수를 작은 주사위 모양으로 썬다.

**3.** 흰색을 유지하기 위해 식초를 한 바퀴 넣은 찬물에 골수를 24시간 동안 담가둔다.

## ● 소스

**4.** 샬롯을 잘게 썰어 타임, 월계수 잎과 함께 소테팬에 넣는다.

**5.** 그 위에 레드와인을 붓는다.

**6.** 소금과 굵게 부순 통후추를 넣는다.

**7.** 센 불로 가열해 1/8이 되도록 졸인다. 전체적으로 끓어오르면 불을 붙여 플랑베하여 알코올 기를 날린다.

**8.** 다 졸아들면 불을 조금 낮춘 뒤 에스파뇰 소스(갈색 육수에 토마토를 넣고 끓여 리에종한 것)를 넣어준다(▶ p.428 기본 테크닉, 갈색 송아지 육수 만들기 참조).

**9.** 표면에 뜨는 거품과 불순물을 건져가며 부드럽고 매끄러운 농도가 될 때까지 10분 정도 끓인다.

**10.** 소스를 체에 거른다.

**11.** 건더기를 스푼으로 꾹꾹 눌러 최대한 즙을 짜낸다. 서빙 시까지 소스를 뜨겁게 보관한다.

**■ 유용한 팁!**

소스를 미리 만들어둔 경우 식혔다가 서빙 시 다시 데우는 편이 계속 뜨겁게 유지하여 오래 보관하는 것보다 낫다. 쓴맛이 우러날 수 있기 때문이다.

**12.** 간을 맞춘다.

**■ 유용한 팁!**

버터를 한 조각 넣어 섞어주면 더욱 윤기나고 부드러운 농도의 소스를 만들 수 있다. 지방은 풍미를 더 살려준다.

**13.** 레몬즙을 몇 방울 뿌린다(더욱 진한 맛의 소스를 원하면 데미글라스를 조금 첨가해도 좋다).

**14.** 골수를 건져 냄비에 담은 뒤 새로 찬물을 붓고 소금을 넣는다.

**15.** 식초를 한 바퀴 두른 뒤 약하게 끓는 상태를 유지하며 골수를 몇 분간 데친다. 골수 몇 개를 건져 소스에 넣어준다. 소스 용기에 담아 서빙한다.

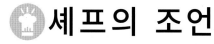

## 셰프의 조언

▨ 원래 보르들레즈 소스는 화이트와인으로 만들었다. 따라서 이 레시피를 바탕으로 화이트와인을 사용해 만들어도 되며 그 경우 고기 육수 대신 생선 육수를 넣어준다.

▨ 화이트와인 베이스의 보르들레즈 소스는 생선 요리에 곁들이면 아주 좋다.

# 베샤멜 소스

LA SAUCE BÉCHAMEL

**6인분**

준비 : **10분**
조리(전기레인지) : **15분**

■ **재료**

버터 40g
밀가루 40g
소금
굵게 부순 통후추
강판에 간 넛멕
우유(전유) 1리터

## ● 루(ROUX) 만들기

**1.** 중간 크기 소스팬에 버터를 넣고 아주 약한 불로 녹인다.

**2.** 밀가루를 체에 쳐 넣는다.

**3.** 색이 나지 않게 약불에서 저어가며 천천히 익힌다. 소금, 후추로 간하고 넛멕을 조금 갈아 넣는다.

# 중요한 포인트

▶ 루(roux)는 미리 만들어 놓아도 된다. 루를 만들 때는 익히는 과정이 여러 가지 이유로 중요하다. 너무 센 불에 빨리 익히면 농도를 내는 농후제 기능이 좀 떨어지며 충분히 익지 않은 경우에는 소스에서 날 밀가루 냄새가 날 수 있다.

▶ 베샤멜 소스용 루는 흰색 또는 연한 미색을 띠어야 하며 너무 진한 색이 나지 않도록 주의해야 한다. 그 경우 소스가 갈색이 될 수 있다. 이 레시피에서 가장 중요한 포인트다.

## ● 베샤멜 만들기

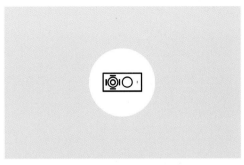

**4.** 뜨거운 루에 차가운 우유를 조금씩 부으며 멍울이 생기지 않도록 거품기로 저어준다.

■ **유용한 팁!**
루를 미리 만들어두어 식은 경우에는 우유를 끓여 뜨거운 상태로 넣어준다. 항상 온도가 대조를 이룬 상태로 섞어야 혼합물을 성공적으로 만들 수 있다.

**5.** 약불로 15분 정도 익힌다.

**6.** 간을 맞춘다.

**7.** 고운 원뿔체에 거른다. 걸쭉하고 멍울 없이 매끈한 소스가 되어야 한다.

 # 셰프의 조언

■ 만들고자 하는 요리 레시피(채소 그라탱, 크로크 무슈 등)에 따라 루의 양을 조금 늘려 더욱 걸쭉한 베샤멜 소스를 만들 수 있다(▶ p.396 기본 테크닉, 화이트 루 만들기 참조).

■ 소스 표면이 굳어 막이 생기는 것을 막으려면 차가운 버터를 살짝 두드려 발라준다.

■ 이 기본 레시피를 바탕으로 수비즈(soubise) 소스, 오로르(aurore) 소스 등 각종 파생 소스를 만들 수 있다. .

# 뵈르 블랑 소스

LA SAUCE BEURRE BLANC

**6인분**

준비 및 조리(전기레인지) :
    **15분**

### ■ 재료

샬롯 6개
화이트와인 식초 250g
생선 육수 300g
버터 250g
소금
후추

## ● 베이스 혼합물 졸이기

**1.** 샬롯의 껍질을 벗긴 뒤 잘게 썬다(▶ p.402
기본 테크닉, 양파/샬롯 잘게 썰기 참조).

**2.** 넓은 소스팬에 샬롯과 식초를 넣는다.

**3.** 생선 육수를 첨가한다(▶ p.432 기본 테크
닉, 생선 육수 만들기 참조).

**4.** 소스를 1/3로 졸인다.

**5.** 깍둑 썰어둔 차가운 버터를 넣으며 거품기
로 잘 저어 섞는다.

### ■ WHY?

버터를 넣어 '몽테(monter)'하면 소스의 농도
를 더 걸쭉하게 만들 수 있다.

**6.** 소금으로 간한다.

**7.** 후추를 뿌린다. 더 이상 끓이지 않고 서빙한다.

 # 셰프의 조언

■ 이 소스에 생크림 1테이블스푼을 첨가하면 뵈르 낭테(beurre nantais) 소스가 된다. 기호에 따라 사프란이나 기타 향신료를 넣어 다양한 풍미를 낼 수 있다.

■ 바닐라를 조금 넣으면 생선 요리에 잘 어울리는 맛있는 소스가 된다.

■ 식초 대신 레드와인을 넣어도 좋다. 이 경우 붉은색을 띤 뵈르 루즈(beurre rouge) 소스가 된다.

# 디저트

# 아르마냑에 절인 건자두

LES PRUNEAUX À L'ARMAGNAC

**6인분**

준비 및 조리(전기레인지) :
　**약 20분**
마리네이드 : **6시간**

### ■ 재 료

건자두(프룬) 500g
아르마냑 200g

**시럽**
타닌 함량이 높은 레드와인
　(côtes de gascogne 타입)
　1.5리터
설탕 300g
꿀 100g
바닐라 빈 1/2줄기
팔각 2개

흑 통후추 3알
카다멈 1개
시나몬 스틱 1개
오렌지 껍질 1/8개 분량

## ● 시 럽 만 들 기

**1.** 큰 사이즈의 소스팬에 레드와인을 넣고 끓인다.

**2.** 불을 붙여 플랑베한다.

**3.** 알코올 기가 날아가 더 이상 불이 붙지 않을 때까지 플랑베 과정을 2~3번 반복한다.

**4.** 설탕, 꿀, 길게 갈라 긁은 바닐라 빈, 팔각, 통후추, 카다멈, 시나몬 스틱, 오렌지 껍질을 넣는다.

**5.** 끓기 시작한 시점부터 5분 정도 끓인다.

### ■ 유용한 팁!
이 시럽은 며칠 전에 미리 만들어놓아도 된다. 단, 랩을 씌우거나 완전히 밀봉한 뒤 냉장고에 보관해야 한다.

## ● 건자두 넣어 익히기

**6.** 건자두를 찬물에 재빨리 헹군 뒤 끓는 시럽에 넣는다.

**7.** 다시 끓어오를 때까지 가열한다. 불을 끄고 뚜껑을 덮은 뒤 몇 분간 식힌다.

**8.** 시럽의 온도가 65℃ 이하로 식으면 아르마냑을 넣어준다.

**9.** 볼에 옮겨 담는다.

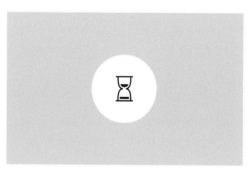

**10.** 식힌다. 맛이 잘 배어들도록 최소 6시간 그대로 재워두었다가 먹는다.

## ● 셰프의 조언

■ 건자두는 씨를 빼지 않고 사용하는 것이 중요하다. 시럽이 스며들어 통통하게 부풀게 된다.

■ 시럽이 어느 정도 식은 다음 아르마냑을 넣어야 알코올 기가 완전히 날아가지 않으며 향이 잘 살아난다.

■ 이 건자두에 아르마냑 아이스크림을 곁들여 먹으면 아주 좋다.

■ 아르마냑 시럽에 절인 이 건자두는 아주 훌륭한 디저트다. 그 외에 테린 드 캉파뉴, 수렵육 테린 등에 곁들여 먹어도 잘 어울리며 치즈 플래터에 곁들여 서빙해도 아주 좋다.

# 라이스 푸딩

LE RIZ AU LAIT

**6인분**

준비 : **15분~25분**
조리(전기레인지) : **약 1시간**

## ■ 재료

입자가 둥근 단립종 쌀 200g
설탕 100g
우유(전유) 1.5리터
바닐라 빈 1줄기
버터 100g
달걀노른자 4개

## ● 쌀 데치기

**1.** 냄비에 찬물과 쌀을 넣고 끓을 때까지 가열한다.

■ **WHY?**
끓기 시작하면 천연 농후제라고 할 수 있는 쌀의 전분이 나온다.

**2.** 바로 체에 걸러 더 이상 익는 것을 중단시킨다.

## ● 쌀 익히기

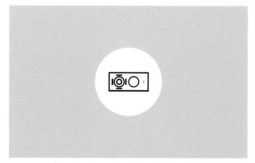

**3.** 다시 쌀을 냄비에 넣는다.

**4.** 설탕, 우유, 길게 갈라 긁은 바닐라 빈과 줄기를 함께 넣어준다.

**5.** 약불에서 살살 끓는 상태를 유지하며 45~50분간 익힌다. 쌀이 바닥에 달라붙지 않도록 중간중간 잘 저어준다.

## ● 완성하기

**6.** 쌀이 익고 우유가 거의 다 흡수되면 불에서 내린 뒤 5~6분간 뜸 들인다(쌀이 불어 전체적으로 크리미한 상태가 된다). 불에서 내린 상태로 버터를 넣어 섞는다.

**7.** 걸쭉한 혼합물이 되도록 주걱으로 잘 저어 섞는다.

**8.** 아직 따뜻한 라이스푸딩에 달걀노른자를 재빨리 넣고 섞어준다(라이스푸딩이 너무 뜨거우면 달걀이 익어 응고될 수 있으니 주의한다).

**9.** 바닐라 빈 줄기를 건져낸 다음 버터 층이 표면에 떠오르지 않도록 랩으로 씌워 냉장고에 넣어둔다.

 # 셰프의 조언

■ 이것은 아주 간단한 레시피다. 간단한 레시피가 모두 그러하듯 좋은 재료를 사용하는 것이 무엇보다 중요하다. 좋은 품질의 단립종 쌀과 전유(저지방 우유는 피한다), 바닐라 빈(바닐라 향료는 피한다. 타히티 바닐라를 추천한다), 좋은 풍미의 버터를 선택한다.

■ 기호에 따라 당절임 과일이나 초콜릿을 마지막에 첨가해도 좋다.

■ 이 라이스 푸딩에 캐러멜 소스나 제철 과일 쿨리를 곁들이면 더욱 맛있고 풍성한 디저트로 즐길 수 있다.

# 초콜릿 무스

MA MOUSSE AU CHOCOLAT

**6인분**

준비 : **10분**
휴지(냉장) : **12시간**

**도구**
핸드 믹서 거품기(선택)

■ **재 료**

카카오 함량이 높은 다크초콜릿
　350g
액상 생크림 300g
설탕 300g
달걀 7개

**1.** 소스팬에 액상 생크림을 데운다.

**2.** 생크림이 뜨거워지면 볼에 담긴 다크초콜
릿 위에 붓는다.

■ **유용한 팁!**
카카오 함량이 높고 달지 않은 최상급 초콜릿을
선택한다. 레시피가 간단할수록 고품질의 재료
를 사용하는 것이 중요하다.

**3.** 주걱으로 잘 저어 섞는다.

**4.** 달걀의 흰자와 노른자를 분리한다(▶
p.395 기본 테크닉, 달걀 분리하기 참조).

**5.** 노른자를 넣은 볼에 설탕 100g을 넣고 잘
섞는다.

**6.** 여기에 아직 뜨거운 초콜릿, 생크림 혼합물을 넣고 거품기로 잘 섞어준다.

■ **WHY?**

열 쇼크로 인해 달걀노른자가 삭는다.

**7.** 다른 믹싱볼에 달걀흰자를 넣고 너무 단단하지 않게 거품을 올린다.

**8.** 나머지 설탕 200g을 넣어가며 단단하게 거품을 올린다.

**9.** 첫 번째 혼합물이 담긴 볼에 거품 낸 흰자의 반을 넣고 재빨리 섞는다. 이어서 나머지 반을 넣고 살살 섞어준다.

■ **WHY?**

거품 낸 흰자의 반을 먼저 넣고 혼합물을 부드럽게 풀어준 다음 나머지 흰자를 넣어 혼합물을 무스처럼 가볍게 만들어준다.

**10.** 준비한 그릇에 초콜릿 무스를 담은 뒤 랩을 씌워준다.

**11.** 조심스럽게 냉장고에 넣고 완전히 차가워질 때까지 만지지 않는다. 작은 그릇에 담아 넣은 경우는 최소 2시간, 큰 볼에 넣은 경우는 최소 6시간 이상 냉장보관 한 후에 먹는다.

■ **WHY?**

냉장고 안에서 차가워지는 동안 초콜릿 무스에 기포가 생성되어 부드럽고 녹진한 텍스처가 완성된다.

# 셰프의 조언

■ 이 레시피용으로 약간의 산미가 있는 카카오 70% 과나하(Guanaja) 다크초콜릿 타입을 추천한다.

■ 밀크초콜릿 무스를 만들고자 할 때는 설탕 양을 최소 100g 줄여야 지나치게 달지 않다.

# 퐁당 쇼콜라

MON MOELLEUX AU CHOCOLAT

**8인분**

준비 : **15분**
조리(오븐) : **20~25분**

**도구**
작은 크기의 케이크 링
 (cercle)
조리용 붓

■ **재료**

다크초콜릿(잘게 부순다) 200g
버터 200g
달걀노른자 5개분
슈거파우더 100g
밀가루 80g
설탕 50g

## ● 초콜릿 혼합물 만들기

**1.** 내열 유리볼에 잘게 부순 초콜릿(또는 조각으로 자른 태블릿 초콜릿)과 작게 썬 버터를 넣고 중탕 냄비 위에서 녹인다.

**2.** 주걱으로 계속 저으며 균일하고 매끈한 혼합물이 되도록 조심스럽게 녹여준다.

**3.** 다른 볼에 달걀노른자를 풀어준다.

**4.** 초콜릿 버터 혼합물을 불에서 내린 다음 아직 뜨거울 때 달걀노른자를 넣으며 계속 잘 저어준다.

**5.** 걸쭉한 농도의 페이스트가 될 때까지 거품기로 세게 저어 섞는다.

**6.** 슈거파우더를 넣고 잘 녹이며 섞는다(녹인 캐러멜과 비슷한 농도가 되어야 한다).

**7.** 마지막으로 밀가루를 넣는다.

**8.** 거품기로 계속 세게 저어 섞어준다.

■ **WHY?**
이렇게 거품기로 세게 저어 혼합해야 멍울이 생기지 않고 매끈한 상태가 된다.

## ● 익히기

**9.** 준비한 여러 개의 작은 링 안쪽에 붓으로 버터를 넉넉히 발라준다(큰 사이즈의 케이크 틀을 사용해도 되지만 구워 완성했을 때 케이크 안의 초콜릿이 흘러내리는 효과는 떨어진다).

■ **유용한 팁!**
틀 안에 버터를 바른 뒤 설탕을 얇게 뿌려두면 (너무 많이 묻은 설탕은 탁탁 털어주는 것을 잊지 말자) 굽는 동안 캐러멜라이즈되면서 맛있는 크러스트가 만들어질 뿐 아니라 케이크를 틀에서 분리하기도 더 쉽다.

**10.** 혼합물을 링 안에 짜 넣는다.

**11.** 완전히 끝까지 채우지 않는다.

**12.** 180°C 오븐에서 20~25분간 굽는다. 오븐에서 꺼낸 뒤 바로 서빙한다.

# 셰프의 조언

■ 초콜릿 애호가들은 풍당 쇼콜라 차체로만 즐기는 것을 좋아하지만 기호에 따라 크렘 앙글레즈나 아이스크림 한 스쿱(혹은 두 가지 모두)을 곁들여 먹으면 더 풍부한 맛의 디저트를 맛볼 수 있다.

■ 오븐에 굽기 전, 틀에 채운 초콜릿 혼합물 중앙에 딸기나 라즈베리 한 개 또는 캐러멜 한 개를 넣어 변화를 주어도 좋다.

■ 오븐에 굽는 시간을 좀 더 늘리면 이 케이크를 다른 디저트의 베이스로 사용할 수도 있다. 또한 이 반죽 혼합물을 파운드케이크 틀에 넣어 구우면 오후 간식으로도 아주 좋다.

# 초콜릿 수플레

LE SOUFFLÉ CHAUD AU CHOCOLAT

**6인분**

준비 : **15분**
조리(오븐) : **(수플레 크기에
따라) 15분~30분**

**도구**
핸드믹서 거품기(선택)

### ■ 재료

다크초콜릿 500g
버터 125g
우유 1리터
옥수수 전분 또는 밀가루 150g
코코아가루 100g
달걀 2개
달걀흰자 6개분

달걀노른자 4개분
설탕 250g

## ● 수플레 혼합물 만들기

**1.** 다크초콜릿을 중탕으로 녹인다.

### ■ 유용한 팁!
초콜릿은 카카오 함량이 높은 것을 선택한다.
중탕 가열로 녹일 때 초콜릿이 너무 뜨겁게 데
워지지 않도록 주의한다.

**2.** 소스팬에 버터와 우유를 넣고 녹인다.

**3.** 다른 볼에 옥수수 전분(또는 체에 친 밀가
루)과 코코아가루를 섞는다.

**4.** 버터, 우유 혼합물이 녹으면(너무 뜨거워
지지 않도록 한다) 옥수수 전분, 코코아가루
혼합물을 넣고 잘 저으며 몇 분간 익힌다.

### ■ 유용한 팁!
혼합물을 조금씩 나누어 넣고 저어가며 섞어야
멍울이 생기지 않는다.

**5.** 불에서 내린 뒤 달걀 2개와 노른자 2개를 넣어준다.

**6.** 다시 불에 올린 뒤 잘 섞으며 몇 분간 가열한다.

**7.** 불에서 내린 뒤 아직 뜨거운 상태에서 녹인 초콜릿을 넣어 섞어준다.

**8.** 나머지 달걀노른자 2개를 넣고 섞은 뒤 유리볼에 옮겨 담는다.

**9.** 달걀흰자 6개분을 믹싱볼에 넣고 너무 단단하지 않게 거품을 올린다.

### WHY?

너무 단단하게 거품 낸 달걀흰자는 잘 섞이지 않으며 혼합물에 알갱이들이 생길 수 있다.

**10.** 설탕을 넣어가며 밀도를 높여준다.

**11.** 초콜릿 혼합물에 거품 낸 달걀흰자를 조심스럽게 넣고 섞어준다.

**12.** 수플레 용기에 버터를 넉넉히 바르고 설탕을 뿌린 다음 혼합물을 채워 넣는다. 끝까지 가득 채우되 입구 둘레에 묻지 않도록 주의한다. 가장자리에 혼합물이 묻으면 익는 동안 부풀어오르는 것에 방해가 될 수 있다.

## ● 익히기

**13.** 220℃로 예열한 오븐에서 15~20분간 익힌다.

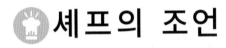

**유용한 팁!**
개인용 수플레 용기의 경우 15~20분, 큰 사이즈 용기의 경우에는 30분 정도 익힌다.

# 셰프의 조언

■ 초콜릿 수플레를 만드는 데는 수많은 레시피가 존재한다. 여기 제시한 레시피는 가장 간단한 방법은 아니지만 널리 통용되는 고전 레시피이다. 이 방법을 익혀 놓으면 각종 수플레를 쉽게 만들 수 있다는 장점이 있다.

# 오렌지 머랭 수플레

LE SOUFFLÉ MERINGUÉ À L'ORANGE

**6인분**

준비 및 조리(전기레인지
　조리 포함) : **20분~30분**
조리(오븐) : **11분**

**도구**
핸드믹서 거품기(선택)
라이언헤드 수프 볼
　(bols 'tête-de-lion')

**■ 재료**

착즙 오렌지주스 1리터(오렌지
　약 12개 분량)
커스터드 분말 75g
그랑 마르니에(Grand Marnier)
　몇 방울
달걀흰자 300g
설탕 180g

## ● 수플레 혼합물 만들기

**1.** 착즙한 프레시 오렌지주스(과육 펄프는 그
대로 두고 씨만 제거한다)를 소스팬에 붓고
끓을 때까지 가열한다.

**2.** 오렌지주스가 끓으면 불에서 내린 뒤 유리
볼에 옮겨 붓는다.

**3.** 커스터드 분말을 오렌지주스에 넣고 계속
거품기로 저어 매끈하게 섞어준다.

**4.** 다시 불에 올린 뒤 계속 저어주며 끓인다.
걸쭉한 농도가 되어야 한다.

**5.** 불에서 내리고 한 김 식힌 뒤 그랑 마르니
에를 몇 방울 넣어준다.

**■ WHY?**
혼합물이 너무 뜨거운 상태에서 술을 넣으면 알
코올이 전부 날아가게 되어 향이 배어들기 어
렵다.

**6.** 냉장고에 보관한다.

**7.** 전동 스탠드 믹서 볼에 달걀흰자를 넣고 설탕을 넣어가며 단단하게 거품을 올린다. 단 너무 건조해지면 안 된다. 거품을 올리면 달걀흰자의 부피가 두 배로 증가하므로 넉넉한 크기의 믹싱볼을 선택해야 한다.

■ **유용한 팁!**
전동 핸드믹서 거품기나 달걀용 수동 거품기를 사용해도 된다.

**8.** 오렌지 혼합물에 거품 올린 흰자를 넣고 조심스럽게 그러나 재빨리 섞어준다.

■ **WHY?**
공기가 빠지지 않도록 살살 섞어주어야 수플레가 잘 부풀어 오르고 쉽게 꺼지지 않는다.

**9.** 부드럽고 크리미한 텍스처의 혼합물이 되어야 한다.

## ● 익히기

**10.** 준비한 수플레 용기에 붓으로 버터를 바른다. 이때 아래에서 위로 붓질을 해주면 수플레가 더 잘 부풀어 오른다.

**11.** 수플레 혼합물을 끝까지 가득 채워 넣는다.

**12.** 스패출러로 표면을 매끈하게 밀어준다.

**13.** 손가락으로 빙 둘러 한번 훑어 내용물을 가장자리 벽에서 떼어놓는다.

**14.** 수플레 표면 둘레가 균일하게 벽에서 분리되어야 한다.

**15.** 190℃로 예열한 오븐에 넣어 11분간 익힌다. 수플레가 충분히 부풀고 표면이 노릇해져야 한다. 바로 서빙한다.

 # 셰프의 조언

■ 수플레는 모든 요리사들이 강박관념을 갖게 되는 대상이다. 과연 잘 부풀 것인가? 금방 꺼지지는 않을까? 여기 제시된 레시피를 따르면 절대 실패하지 않을 것이다. 왜냐하면 거품 낸 달걀흰자 머랭이 비록 잠깐 익히는 과정을 거쳐도 입안에 부드러운 식감을 제공해줄 것이며 완전히 꺼지지 않고 어느 정도 형태를 유지해줄 수 있기 때문이다.

■ 그랑 마르니에를 뿌려 플랑베하면 더욱 멋진 서빙 장면을 연출할 수 있다. 이 경우 수플레가 너무 진한 갈색을 내지 않도록 주의한다.

■ 이 레시피를 잘 익혀두면 다음 단계로 레몬 수플레, 사과 수플레, 포도 수플레 등 다양한 재료를 사용한 응용 버전 수플레를 만들어볼 수 있다.

# 기본 테크닉

# 기본 준비 작업

# 정제 버터 만들기 CLARIFIER DU BEURRE

버터를 정제하면 불순물을 제거할 수 있다. 정제 버터는 스테이크에 윤기를 내거나 재료를 고온에서 볶을 때 또는 베샤멜(▶ p.359 레시피 참조)이나 홀랜다이즈(▶ p.349 레시피 참조) 소스를 만들 때 등 다양한 용도로 쓰인다.

**도구**
적당한 사이즈의
  소스팬(가능하면
  스테인리스)
믹싱볼
큰 스푼, 거품 건지개
또는 작은 국자

**■ 재료**

원하는 분량의 버터

**1.** 소스팬에 버터를 넣고 가열한다.

**2.** 버터가 녹으면서 불순물이 표면에 떠오른다.

**3.** 큰 스푼이나 거품망 또는 작은 국자로 표면의 불순물을 걷어낸다.

**4.** 옆에 준비해 둔 볼에 불순물을 덜어낸다.

**5.** 불순물을 제거한 버터를 조심스럽게 그릇에 따라낸다.

# 달걀 분리하기 CLARIFIER UN ŒUF

달걀의 노른자와 흰자를 분리하는 작업이다.
달걀은 사용할 때 바로 깨서 사용하는 것이 좋다.
세균의 번식을 초래할 수 있기 때문이다.

**도구**
스텐 용기
작은 볼

**■ 재료**

신선한 달걀

**1.** 달걀을 깬다.

**■ 유용한 팁!**
달걀을 여러 개 깨트려 사용할 때에는 작은 볼에 하나씩 깨 넣어 상했거나 문제가 없는지 확인한 다음 큰 믹싱볼에 옮겨 담는다.

**2.** 반으로 깬 달걀 껍질 한쪽에 노른자를 넣으며 흰자를 분리해 볼에 흘려 담는다.

**3.** 노른자를 다른 쪽 껍질로 옮기면서 나머지 흰자를 볼에 흘려 담는다.

**4.** 남아 있는 흰자는 손으로 조심스럽게 끊어준다.

**5.** 달걀 껍데기 안에 남은 노른자를 다른 볼에 옮겨 담는다.

# 화이트 루 만들기 FAIRE UN ROUX BLANC

루는 액체에 농도를 더하는 역할을 하며 황금색, 흰색, 갈색으로 분류한다. 블루테, 각종 소스 또는 글레이징 등 다양한 용도로 사용된다.
아래 제시한 화이트 루 만드는 테크닉을 바탕으로 각종 화이트 소스 또는 베샤멜 소스(▶ p.349 레시피 참조) 등을 만들 수 있다.

**도구**
적당한 사이즈의
　소스팬(가능하면
　스테인리스)
주걱 또는 거품기

**■ 재료**

밀가루 50%
차가운 버터 50%

**1.** 먼저 소스팬에 버터를 녹인다.

**2.** 밀가루를 넣어준다.

**■ 유용한 팁!**
성공적인 루를 만들기 위해서는 항상 버터와 밀가루를 동량으로 사용한다. 최대한 천천히 익혀야 농후제 역할을 극대화 시킬 수 있다.

**3.** 잘 저어 섞는다.

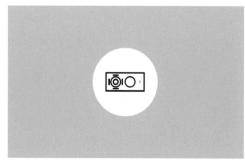

**4.** 약 5분 정도 저어가며 익힌다.

# 허브와 채소

# 허브 잘게 썰기 CISELER DES HERBES

허브를 잘게 썰 때는 항상 도마 중앙에 놓고 자른다. 오른손잡이는 허브 다발을 왼쪽에 놓고 자른 뒤 바로 오른쪽에 준비해둔 볼에 담는다. 왼손잡이의 경우 이와 반대로 한다.
일단 잘게 썬 허브는 금방 마르거나 시들 수 있으므로 바로 사용해야 한다.

**도구**
세프나이프
도마
볼

**■ 재료**

신선 허브(딜, 바질, 파슬리 등)

**1.** 허브를 씻은 뒤 잎을 따낸다.

**2.** 허브 잎을 조금씩 겹쳐 놓고 한 손으로 잡은 뒤 얇게 썬다.

**3.** 잘게 썬 허브를 모아 볼에 담아준다.

# 부케가르니 만들기 FAIRE UN BOUQUET GARNI

프랑스 요리, 특히 남불 지역에서 많이 사용되는 부케가르니는 음식에 향을 더하는 재료다. 리크 잎을 깨끗이 씻은 뒤 원하는 허브를 채워 넣고 실로 다발처럼 묶어 사용한다.

**도구**
주방용 실

## ■ 재료

리크(서양대파) 잎 1~2장
이탈리안 파슬리 1~2줄기
타임 몇 줄기
월계수 잎 1장

**1.** 넓게 편 리크 잎을 길이로 반 접는다.

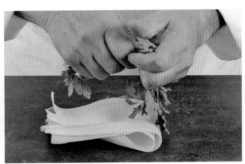

**2.** 파슬리 줄기도 반으로 접는다.

**3.** 파슬리를 리크 잎 위에 놓는다.

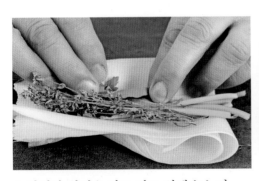

**4.** 타임과 월계수 잎도 리크 위에 놓는다.

**5.** 리크 잎을 돌돌 말아 허브를 모두 감싸준다.

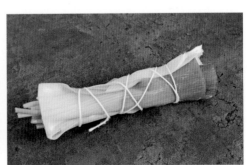

**6.** 전체를 실로 잘 묶어준다.

# 양파/샬롯 잘게 썰기 CISELER UN OIGNON/UNE ÉCHALOTE

이 작업을 할 때는 양파나 샬롯을 항상 도마 중앙에 놓고 자른다. 오른손잡이는 양파나 샬롯을 통으로 왼쪽에 두고 자른 다음 오른쪽에 준비해 둔 볼에 담는다. 왼손잡이의 경우는 그 반대 방향으로 한다. 자르는 동안 양파색이 갈변하면 찬물에 헹군 다음 물기를 제거해 사용한다.

**도구**
셰프나이프
도마
볼

■ **재료**

적 양파 , 흰 양파, 샬롯

**1.** 양파의 껍질을 벗겨 씻은 뒤 반으로 자른다.

**2.** 자른 양파의 단면이 아래로 오도록 도마에 놓고 줄기 쪽 끝을 조리사 방향으로 놓은 다음 세로로 자른다. 반대쪽 끝부분이 붙어 있도록 반 정도만 자른다.

■ **WHY ?**
양파 밑동까지 자르지 않고 붙여놓아야 자른 양파 조각이 흩어지지 않는다.

**3.** 양파의 방향을 틀고 손가락으로 위를 눌러 고정시킨 뒤 가로로 잘게 썬다.

**4.** 균일한 크기로 양파를 잘게 썬다.

# 토마토 속과 씨 빼고 잘게 썰기 ÉPÉPINER ET CONCASSER UNE TOMATE

토마토의 껍질을 벗긴 뒤 도마 중앙에 놓고 자른다. 오른손잡이는 토마토를 통째로 왼쪽에 놓고 썬 다음 오른쪽에 준비해 놓은 볼에 담는다. 왼손잡이는 반대 방향으로 한다. 잘게 썬 토마토 콩카세는 빨리 사용해야 한다.

**도구**
셰프나이프
도마
볼

**■ 재료**

생토마토

**1.** 토마토를 씻은 뒤 껍질을 벗긴다(▶ p.404 기본 테크닉, 토마토 껍질 벗기기 참조). 세로로 등분한다.

**2.** 속과 씨를 도려낸다.

**3.** 균일한 크기로 잘게 썬다.

# 토마토 껍질 벗기기 MONDER DES TOMATES

토마토를 끓는 물에 데치면 쉽게 껍질을 벗겨 과육만 사용할 수 있다. 데쳐서 껍질을 벗긴 토마토는 가능한 한 빨리 사용해야 한다.

**도구**
셰프나이프
망국자
소스팬
볼, 유리볼

■ **재료**

생토마토

**1.** 토마토를 씻은 뒤 필요하면 꼭지를 잘라내고 아래쪽에 십자 모양으로 얕게 칼집을 내준다.

**2.** 끓는 물에 10초간 넣어 데친다.

**3.** 망국자로 건져낸다.

**4.** 찬물에 담가 식힌다.

**5.** 칼집 낸 부분의 껍질이 떨어지기 시작한다.

**6.** 껍질을 벗겨낸다.

# 브뤼누아즈 썰기 TAILLER EN BRUNOISE

과일이나 채소를 써는 방법은 다양하다. 어떠한 크기로 썰든 재료를 도마 중앙에 넣고 썰어준다. 오른손잡이는 재료를 왼쪽에 놓고 썬 다음 오른쪽에 준비해 놓은 볼에 담는다. 왼손잡이는 반대 방향으로 한다. 브뤼누아즈는 사방 2mm 정도 크기의 주사위 모양으로 가장 작게 썰기 중 하나다.

**도구**
셰프나이프
도마
만돌린 슬라이서
 (선택사항)
볼

**■ 재료**

신선 과일 또는 채소(당근, 셀러리악, 리크, 사과, 망고 등)

**1.** 과일 또는 채소를 씻어 껍질을 벗긴 다음 일정한 두께(약 2mm)로 얇게 슬라이스한다.

**■ 유용한 팁!**
만돌린 슬라이서를 사용해도 좋다.

**2.** 슬라이스로 자른 과일 또는 채소를 겹쳐놓고 2mm 폭의 균일한 막대 모양으로 썬다.

**3.** 길게 자른 것의 방향을 틀어놓는다.

**4.** 사방 2mm 크기로 잘게 썬다.

**5.** 작게 썬 다음 칼로 모아서 볼에 담는다.

# 마티뇽 썰기 TAILLER EN MATIGNON

과일이나 채소를 써는 방법은 다양하다. 어떠한 크기로 썰든 재료를 도마 중앙에 넣고 썰어준다. 오른손잡이는 재료를 왼쪽에 놓고 썬 다음 오른쪽에 준비해 놓은 볼에 담는다. 왼손잡이는 반대 방향으로 한다. 마티뇽 썰기는 브뤼누아즈와 같지만 크기가 더 작다(사방 0.5~1mm).

**도구**
셰프나이프
도마
만돌린 슬라이서
 (선택사항)
볼

■ **재료**

신선 과일 또는 채소(당근,
 셀러리악, 리크, 사과, 망고 등)

**1.** 과일 또는 채소를 씻어 껍질을 벗긴 다음 일정한 두께(약 0.5mm)로 얇게 슬라이스한다.

■ **유용한 팁!**
만돌린 슬라이서를 사용해도 좋다.

**2.** 슬라이스로 자른 과일 또는 채소를 겹쳐놓고 균일한 막대 모양으로 썬다.

**3.** 길게 자른 것을 조금씩 뭉쳐 놓고 손으로 감싸 쥔다. 방향을 틀어놓는다.

**4.** 사방 0.5~1mm 크기로 잘게 썬다.

**5.** 작게 썬 다음 칼로 모아서 볼에 담는다.

# 페이잔 썰기 | TAILLER EN PAYSANNE

과일이나 채소를 써는 방법은 다양하다. 어떠한 크기로 썰든 재료를 도
마 중앙에 넣고 썰어준다. 오른손잡이는 재료를 왼쪽에 놓고 썬 다음
오른쪽에 준비해 놓은 볼에 담는다. 왼손잡이는 반대 방향으로 한다.
페이잔 썰기는 주로 시골풍 수프(▶ p.104 레시피 참조), 향신재료 또는
노르망디 수프 레시피에 주로 사용된다.

**도구**
셰프나이프
도마
볼

■ **재료**

신선 과일 또는 채소(당근,
셀러리악, 순무, 리크 등)

**1.** 채소 또는 과일을 씻은 뒤 껍질을 벗긴다.

**2.** 준비한 과일이나 채소의 사이즈가 큰 경
우 우선 균일한 사이즈로 두툼하게 자른다.

**3.** 이 두꺼운 슬라이스를 다시 2~4등분으로
저민다(당근의 경우 슬라이스하는 대신 처음
부터 길게 등분해 사용하면 된다).

■ **유용한 팁!**
타원형의 과일이나 채소의 경우에는 어슷하게
슬라이스하면 삼각형으로 잘게 썰 수 있다.

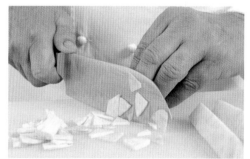

**4.** 슬라이스 또는 세로로 길게 등분한 채소,
과일을 잘게 썰어준다.

# 미르푸아 썰기 TAILLER EN MIREPOIX

과일이나 채소를 써는 방법은 다양하다. 어떠한 크기로 썰든 재료를 도
마 중앙에 넣고 썰어준다. 오른손잡이는 재료를 왼쪽에 놓고 썬 다음
오른쪽에 준비해 놓은 볼에 담는다. 왼손잡이는 반대 방향으로 한다.
미르푸아는 브뤼누아즈보다 더 큰 사이즈로 깍둑 써는 테크닉이다(사
방 약 1cm 크기).

**도구**
세프나이프
도마
볼

■ **재료**

신선 과일 또는 채소(당근,
　셀러리악, 리크, 사과, 망고 등)

**1.** 채소 또는 과일을 씻은 뒤 껍질을 벗긴다.
다듬지 않은 상태로 길게 등분한다.

**2.** 가지런히 겹쳐놓고 손으로 고정시킨 다음
원하는 크기로 깍둑 썬다.

**3.** 작게 썬 다음 칼로 모아서 볼에 담는다.

# 생선

# 생선 필레 뜨기 LEVER UN FILET DE POISSON

생선은 아주 조심스럽게 다뤄야 하는 식재료다. 운송이나 보관 과정에서 콜드체인이 단절되지 않도록 해야 하며 발효되어 부패할 우려가 있으니 상온에 너무 오래 두는 것은 피해야 한다. 또한 물과의 접촉을 최소화하는 것이 좋다. 생선을 씻을 때는 아주 차가운 물에 재빨리 헹궈낸다. 생선의 신선도를 체크하기 위해서는 눈이 선명하고 조직이 탱탱하며 아가미가 선홍색을 띠고 있는지 살펴본다. 또한 생선 비린내가 너무 심하지 않고 색은 윤기가 나며 비늘은 금속성의 색을 띠고 있어야 한다.
생선의 살만 이용해 조리를 하는 경우 필레 뜨기를 해야 한다. 필레를 뜨는 방식은 여러 가지가 있지만 여기에서는 가장 고전적인 방법을 소개한다.

**도구**
가위
생선용 필레나이프
도마
생선 가시 제거용 핀셋

**■ 재료**

신선 생선

**1.** 생선을 도마에 납작하게 놓고 가위로 지느러미를 잘라낸다.

**2.** 꼬리를 아래쪽으로 놓고 척추 가시뼈 바로 위에 칼집을 넣는다. 칼날이 가시에 바싹 닿도록 밀어 넣으면서 필레를 뜬다.

**3.** 가시에 살이 남지 않도록 척추뼈에 최대한 가깝게 칼날을 붙이며 밀어내려간다. 생선 가장 윗부분 대가리 바로 전까지 잘라준다.

**4.** 생선을 뒤집어 마찬가지로 가시뼈에 최대한 붙여 칼날을 넣는다.

**5.** 가시뼈를 길게 따라가며 필레를 뜬다.

**6.** 생선 필레를 잘라낸다.

**7.** 생선용 핀셋으로 가시를 제거한다(▶ p.414 기본 테크닉, 생선 필레 가시 제거하기 참조).

**8.** 뱃살 쪽 기름이 많은 부분은 잘라낸다.

**9.** 칼날을 살밑의 껍질에 최대한 가까이 붙여 넣는다.

**10.** 꼬리 쪽에서 위로 밀어 껍질을 벗겨낸다.

# 생선 필레 가시 제거하기 DÉSARÊTER UN FILET

필레를 뜬 생선살은 반드시 남아 있는 작은 가시를 제거해야 한다.
핀셋으로 가시를 뽑을 때는 신선한 생선살이 손상되지 않도록 주의
한다.

**도구**
생선 가시 제거용 핀셋
도마
볼

■ **재료**

신선 생선 필레

**1.** 필레 뜬 생선살을 도마에 놓고 옆에는 물이
담긴 볼을 준비해 둔다.

**2.** 눈에 띄는 가시를 조심스럽게 핀셋으로 뽑
아낸다.

**3.** 뽑아낸 가시를 볼 안의 물에 담가 헹군 뒤
남은 가시를 모두 제거한다.

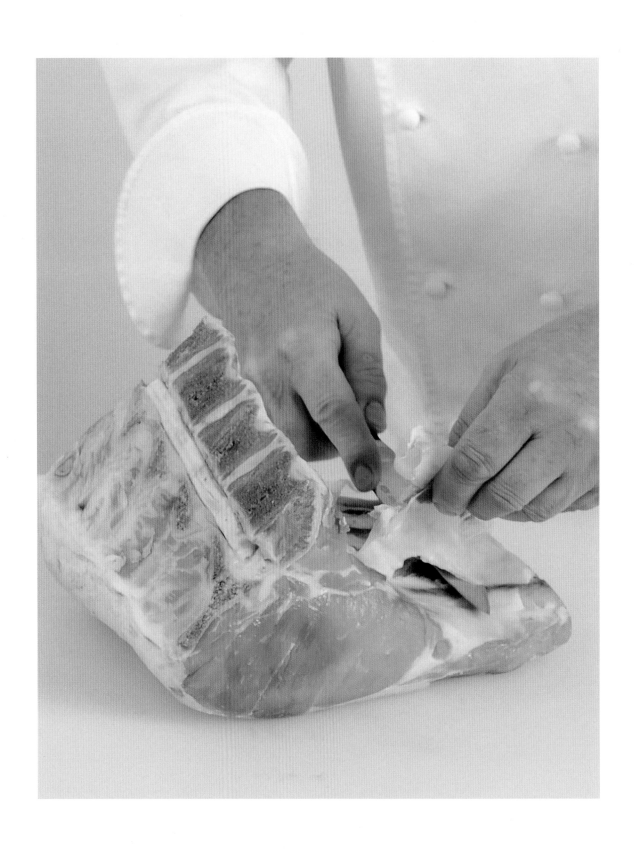

# 육류

# 뼈 등심 랙 준비하기 PRÉPARER UN CARRÉ

좋은 품질의 고기는 살이 탱탱하고 손으로 눌렀을 때 탄력이 있으며 보기 좋은 색을 지녀야 한다(소고기나 양고기는 선홍색, 송아지고기는 광택이 나는 흰색, 돼지고기는 밝은 분홍색을 띠는 것이 좋다). 또한 기름 층은 흰색을 띠어야 하며 큰 뼈에 기름이 넉넉히 붙어 있는 것이 좋다. 이 기름은 조리 전 떼어낸다.

송아지, 돼지고기 혹은 양고기 모두 이 랙은 갈빗대에 살이 붙어 있는 부위다. 준비한 고기에 따라 다양한 소스와 가니시를 곁들인 요리를 만들 수 있다. 뼈 등심 랙 요리는 1인당 220~250g(생고기 기준) 정도로 준비한다.

**도구**
주방용 나이프
고기 뼈 절단용
클리버 나이프
도마
볼, 용기

■ **재료**

뼈 등심 랙 1덩어리(약 2~3kg)

**1.** 기름을 제거한 뒤 각 갈빗대 끝을 칼로 긁어 뼈가 드러나도록 한다.

**2.** 잘라낸 한쪽 기름을 용기에 담는다.

**3.** 고깃덩어리를 뒤집어 반대쪽 기름을 잘라낸다.

**4.** 갈빗대의 기름막을 모두 깨끗이 긁어내 손잡이처럼 뼈가 드러나도록 한다.

**5.** 이 뼈들을 따라 살을 잘라 다듬는다.

■ **유용한 팁!**
다듬고 남은 자투리 살은 육수나 소스용으로 남겨둔다.

**6.** 고기를 뒤집어 척추뼈 주위의 기름을 제거한다.

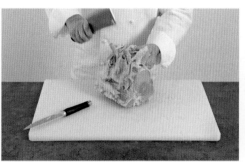

**7.** 척추뼈를 잘라낸다.

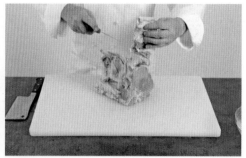

**8.** 뼈 등심 랙 윗부분을 덮고 있는 기름을 제거한다.

# 가금류

# 가금류 손질하기 HABILLER UNE VOLAILLE

가금류는 무게와 냄새로 구분할 수 있다. 무거운 것이 좋으며 냄새가
너무 심하지 않아야 한다.
닭, 영계, 메추리, 비둘기 등은 손질하는 과정이 동일하다. 우선 토치
로 껍질을 그슬려 잔털과 깃털자국을 제거한 뒤 기름 등을 떼어내 다
듬고 내장을 꺼낸다.

**도구**
뼈 절단용 튼튼한
　나이프
도마
용기
토치

■ **재료**

가금류 1마리

**1.** 날개 끝을 잘라낸다.

**2.** 발을 잘라낸다.

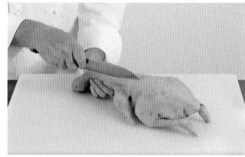

**3.** 배가 아래쪽으로 오도록 놓고 잡은 다음
목 껍질에 칼집을 낸다.

**4.** 껍질 안으로 손을 밀어 넣으며 목을 분리
한다.

**5.** 껍질을 자른다.

**6.** 목을 척추뼈에 최대한 가깝게 바짝 잘라
낸다.

**7.** 껍질을 밀어붙여 V자 모양의 용골뼈가 드러나도록 한다.

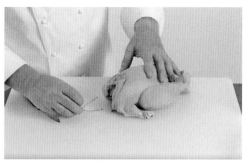

**8.** 용골뼈를 붙잡고 살이 찢어지지 않도록 조심하면서 떼어낸다.

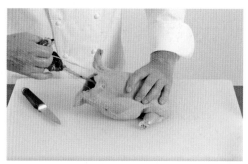

**9.** 내장을 잡아 빼낸다(염통, 간, 모래주머니).

**10.** 토치로 그슬려 껍질에 남아 있는 잔털을 제거한다. 껍질 자체가 타지 않도록 주의한다.

**11.** 꺼낸 내장에서 간을 분리해낸다.

**12.** 터지지 않도록 주의하며 쓸개를 제거한다.

**13.** 모래주머니의 기름을 제거한다.

**14.** 모래주머니를 횡으로 가른다.

**15.** 염통의 막과 핏덩이를 제거한다.

# 가금류 실로 묶기 BRIDER UNE VOLAILLE

가금류를 실로 묶으면 균일하게 익히는 데 도움이 된다. 이 작업에는
주방용 바늘과 실(60~70cm)이 필요하다. 이 실 가운데 10cm 정도는
마지막에 매듭을 짓는 데 사용된다.

**도구**
주방용 바늘
주방용 실
도마

■ **재료**

가금류 1마리
(손질을 마친 뒤 속을 채운 것)

**1.** 먼저 닭의 상부를 묶어준다. 우선 넓적다
리 윗부분에 바늘을 찔러 넣은 다음 껍질을
잘 고정시키면서 척추뼈 아랫부분을 관통시
킨다.

**2.** 바늘을 반대쪽으로 빼낸 뒤 실을 팽팽하
게 당긴다.

**3.** 이어서 닭의 등이 아래로 오도록 놓고 날
개 쪽에 바늘을 찔러 넣는다.

**4.** 골반을 관통해 바늘을 찌른다.

**5.** 반대쪽으로 바늘을 빼낸 뒤 실을 팽팽하
게 당긴다.

**6.** 다시 닭을 뒤집어 놓고 마지막으로 다리 마
디 부분에 바늘을 찔러 넣는다.

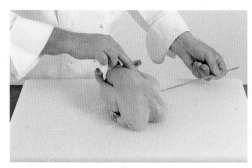  

**7.** 반대쪽 다리 위치로 바늘을 빼낸다.

**8.** 실을 최대한 팽팽히 당겨 조인다.

**9.** 닭을 옆으로 뉘인 뒤 실의 양쪽 끝을 모아 매듭을 단단히 묶어준다.

# 각종 육수

# 갈색 송아지 육수 만들기 FAIRE UN FOND BRUN DE VEAU

육수(흰색 또는 갈색)는 소스를 만드는 데 사용되는 기본 재료로 다음의 두 종류로 나뉜다.
- 흰색 송아지, 닭 육수, (소고기) 콩소메, 생선 육수 등...
- 갈색 송아지, 닭, 양, 돼지 육수 등...
각종 소스의 베이스로는 해당 레시피의 재료로 만든 육수를 사용하는 것이 일반적이다(예: 넙치 요리에는 이 생선의 뼈로 만든 육수 베이스의 소스를 곁들인다).
수많은 종류의 육수를 전부 열거할 수는 없지만 가장 기본이 되는 레시피를 여기에 소개한다.

**도구**
주방용 식도
보닝나이프, 또는
　주방용 톱(선택)
도마
코코트 냄비
거품국자
국자
고운 원뿔체

**■ 재료**
**(육수 1리터 분량)**

송아지 정강이 살 자투리, 뼈
당근 100g
양파 100g
마늘 100g
토마토 200g(또는 토마토
　페이스트 200ml)
부케가르니 1개
굵은 소금(선택사항)

**1.** 고기와 뼈를 작게 썬다.

**2.** 로스팅 팬에 담아 오븐에서 색이 나도록 굽는다.

**3.** 당근과 양파의 껍질을 벗겨 씻은 뒤 미르푸아(mirepoix)로 깍둑 썬다.

**4.** 마늘의 껍질을 벗기고 반으로 잘라 안의 싹을 제거한 뒤 짓이긴다.

**5.** 토마토 과육을 잘게 썬다.

**■ 주의할 점!**
토마토의 껍질은 벗기지 않는다.

**6.** 부케가르니를 만든다(▶ p.401 기본 테크닉, 부케가르니 만들기 참조).

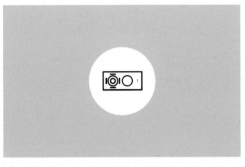

**7.** 오븐의 고기 자투리와 뼈가 색이 나도록 구워지면 당근, 양파를 넣고 다시 굽는다. 건더기를 모두 건져 코코트 냄비에 옮겨 담는다.

**8.** 코코트 냄비에 찬물을 붓고 끓인다. 표면에 뜨는 거품과 기름을 걷어낸다.

**9.** 이어서 마늘, 토마토, 부케가르니를 넣어준다.

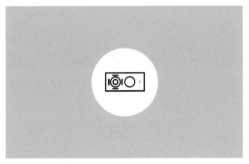

**10.** 약하게 끓는 상태를 유지하며 최소 3시간 동안 끓인다. 중간중간 거품을 계속 걷어낸다.

**11.** 갈색 육수가 완성되면 체에 거른 뒤(국자로 누르지 않는다) 뚜껑을 덮어 냉장고에 보관한다.

 # 셰프의 조언

■ 이 기본 테크닉은 갈색 가금류, 수렵육 육수를 만들 때도 사용할 수 있다. 송아지 뼈와 자투리 고기 대신 가금류 뼈나 수렵육 자투리 살 등을 사용한다. 단, 끓이는 시간은 좀 더 짧다(1시간 30분~2시간 정도).

■ 갈색 송아지 육수는 에스파뇰 소스의 베이스로도 사용된다. 에스파뇰 소스(sauce espagnole)는 마른 팬에 볶은 밀가루 60g을 넣어 농도를 걸쭉하게 리에종한 갈색 송아지 육수 1.5리터와 버터에 볶은 라르동 50g을 섞어 만든 뒤 고운 체에 걸러 주면 된다.

# 흰색 닭 육수 만들기 FAIRE UN FOND BLANC DE VOLAILLE

흰색 송아지(또는 가금류) 육수는 주로 블루테나 포타주 등의 수프 베이스로 사용된다. 또한 채소를 익힐 때 국물로 사용하거나 고기를 데치는 용도로도 쓰인다.

**도구**
주방용 식도
보닝나이프, 또는
 주방용 톱(선택)
도마
코코트 냄비
거품국자
국자
고운 원뿔체

■ **재 료**
**(육수 1리터 분량)**

가금육(닭) 1kg, 자투리, 뼈
당근 100g
양파 100g
리크(서양대파) 흰 부분 200g
셀러리 80g
부케가르니 1개

**1.** 닭을 손질한 다음(▶ p.422 기본 테크닉, 가금류 손질하기) 큼직하게 토막 낸다.

**2.** 닭고기와 뼈를 물에 넣고 끓인다. 표면에 뜨는 불순물 거품을 걷어낸다.

**3.** 닭을 끓이는 동안 당근, 양파, 리크 흰 부분, 셀러리의 껍질을 벗겨 씻은 뒤 큼직하게 썬다.

**4.** 채소와 부케가르니(▶ p.401 기본 테크닉, 부케가르니 만들기 참조)를 닭 냄비에 넣어준다.

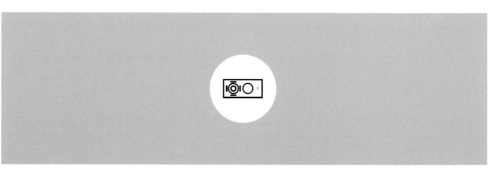

**5.** 약하게 끓는 상태를 유지하며 최소 45분 간 끓인다.

■ **유용한 팁!**
떠오르는 거품과 기름을 계속 걷어낸다.

**6.** 육수를 고운 원뿔체에 거른다. 바로 사용하지 않는 경우 뚜껑을 덮어 냉장고에 보관한다.

 ## 셰프의 조언

■ 이 기본 테크닉은 흰색 송아지 육수를 만들 때도 사용할 수 있다. 가금류 자투리 살 대신 송아지 뼈를 사용한다. 단, 좀 더 오래 끓여야 한다(최소 2시간 30분).

■ 베이스 육수에는 간을 하지 않아도 된다. 사용되는 레시피에 따라 조리하면서 따로 간을 하면 된다.

# 생선 육수 만들기 FAIRE UN FUMET DE POISSON

생선 육수는 생선 베이스의 블루테와 소스를 만들 때 사용된다. 또한 생선 필레에 자작하게 넣어 브레이징하거나 데치는 용도로도 쓰인다.

생선 육수를 만들 때에는 국물을 너무 많이 잡지 않도록 한다. 졸이는 과정에서 너무 오래 수분이 증발하면 육수가 뿌옇게 되면서 맛도 변질될 우려가 있다.

**도구**
주방용 식도
도마
소스팬
주걱

**■재료**
**(육수 1리터 분량)**

샬롯 100g
큼직한 양송이버섯 2개

작은 리크 1대
셀러리 1줄기
흰살 생선 가시뼈(젤라틴 질이
  없는 것) 1kg
올리브오일
화이트와인 300ml(선택사항)
물 1리터
타임 1줄기
월계수 잎 1장
파슬리 줄기(선택사항)
소금(플뢰르 드 셀)
통후추

**1.** 샬롯과 버섯(밑동 포함)의 껍질을 벗긴 뒤 얇게 썬다. 리크와 셀러리를 씻어 깍둑 썬다.

**2.** 생선 가시뼈를 찬물에 담근 뒤 두세 번 물을 갈아주며 핏물을 뺀다. 깨끗이 헹군 다음 물기를 제거한다.

**■ 유용한 팁!**
생선 필레를 뜨고 남은 서더리를 사용할 때는 굵은 가시뼈와 대가리도 함께 큼직하게 토막 내 사용한다(눈은 떼어낸다). 콜라겐이 풍부한 이 재료들은 국물에 깊은 맛을 더해준다.

**3.** 올리브오일을 조금 넣고 달군 소스팬에 셀러리, 리크, 샬롯을 넣고 센불에서 수분이 나오도록 2~3분 볶는다.

**■ 주의할 점!**
색이 나지 않도록 주의한다.

**4.** 생선뼈를 넣고 마찬가지로 색이 나지 않도록 2~3분간 잘 저으며 수분이 나오도록 볶아준다.

**5.** 재료의 높이만큼 물 또는 화이트와인을 붓는다. 약하게 끓어오를 때까지 잘 저어준다. 센불에서 2/3가 될 때까지 졸인다.

**6.** 버섯, 타임, 월계수 잎과 셀러리 줄기를 몇 가닥 넣어준다. 소금, 후추를 넣는다.

**7.** 20분간 약하게 끓인다.

**8.** 고운 원뿔체에 거른다. 뚜껑을 덮어 냉장고에 보관(최대 24시간)하거나 냉동한다.

# 기타

# 유산지로 뚜껑 만들기 FAIRE UN COUVERCLE EN PAPIER SULFURISÉ

**도구**
유산지 1장
가위
소테팬 또는 소스팬

**1.** 유산지를 반으로 접는다.

**2.** 방향을 바꿔 다시 반으로 접는다.

**3.** 중앙 꼭지점을 기준으로 하여 종이 오른쪽 모서리를 왼쪽 아랫부분 위로 접어준다(길이가 좀 넘어가게 된다).

**4.** 마치 종이비행기를 접듯이 다시 반으로 뾰족하게 접는다.

**5.** 매끈하게 다듬는다.

**6.** 조리하는 소테팬이나 냄비 중앙에 꼭지점을 대고 반지름 위치를 가위로 표시한다.

**7.** 표시된 위치를 가위로 자른다.

**8.** 접은 종이를 소테팬 위로 펼친다.

**9.** 조리 중인 소테팬 위에 종이 뚜껑을 놓는다.

**10.** 종이 뚜껑의 가장자리를 접어 소테팬 내벽에 붙인다.

# 냅킨 접기

# 아티초크 모양으로 접기

**1.** 냅킨을 펼쳐 놓는다.

**2.** 정사각형 냅킨의 경우 바로 과정 3을 실시 한다. 정사각형이 아닌 경우에는 긴 쪽 가장자 리를 접어 우선 정사각형을 만들어준다.

**■ 유용한 팁!**

한쪽 끝을 들어 대각선으로 접으면 정확하게 나 머지 부분을 얼마만큼 접어주어야 하는지 쉽게 알 수 있다.

**3.** 위쪽 모서리 두 곳을 가운데로 향해 접 는다.

**4.** 아래쪽 모서리 두 곳도 마찬가지로 접어 작은 정사각형을 만든다.

**5.** 네 귀퉁이를 종이냄비를 접듯이 다시 중앙 으로 접어준다. 접히는 모서리를 검지로 눌 러 고정시키면서 정확하게 각을 잡아 접는다.

**6.** 네 귀퉁이가 정확히 중앙으로 모이도록 한다.

**7.** 냅킨을 뒤집는다.

**8.** 다시 네 귀퉁이를 중앙으로 접는다.

**9.** 뒤집지 않은 상태로 냅킨 아랫면 중앙 갈라진 부분의 위치를 확인한다.

**10.** 냅킨의 윗면을 손으로 눌러 고정시킨 후 아랫면의 갈라진 부분을 위로 끌어올린다.

**11.** 위로 올린 부분이 손의 일부분을 덮도록 접어준다.

**12.** 나머지 세 귀퉁이도 마찬가지로 아래서 위로 접어 올린다.

**13.** 반 정도 들어 올리며 귀퉁이를 다시 뒤로 접어준다.

**14.** 네 귀퉁이를 꽃처럼 예쁘게 열린 모습으로 완성한다.

# 방석 모양으로 접기

**1.** 냅킨을 펼쳐 놓는다.

**2.** 정사각형 냅킨의 경우 바로 과정 3을 실시한다. 정사각형이 아닌 경우에는 긴 쪽 가장자리를 접어 우선 정사각형을 만들어준다.

### ■ 유용한 팁!

한쪽 끝을 들어 대각선으로 접으면 정확하게 나머지 부분을 얼마만큼 접어주어야 하는지 쉽게 알 수 있다.

**3.** 네 모퉁이를 중앙으로 접어 더 작은 정사각형을 만든다.

**4.** 매끈하게 정리한다.

**5.** 냅킨을 뒤집는다.

**6.** 다시 네 귀퉁이를 가운데로 접는다.

**7.** 접히는 부분을 엄지손가락으로 누르며 매끈하게 훑어준다.

**8.** 정확한 모양의 정사각형을 만든다.

**9.** 다시 네 귀퉁이를 가운데로 접어준다.

**10.** 냅킨을 뒤집는다.

**11.** 뒤집으면서 네 귀퉁이가 떨어지게 된다.

**12.** 떨어진 네 귀퉁이를 냅킨 아래로 접어 넣는다.

**13.** 네 귀퉁이 모두 같은 방식으로 접는다.

**14.** 정사각형의 방석 모양 냅킨이 완성되었다.

# 곤돌라 모양으로 접기

**1.** 냅킨을 펼쳐 놓는다.

**2.** 큰 사이즈의 알루미늄 포일을 준비하여 반으로 접는다.

**3.** 포일을 냅킨의 윗면 왼쪽 끝에 맞춰 놓는다.

**4.** 모서리 끝을 고정시킨 뒤 냅킨과 포일을 함께 대각선을 향해 접어준다(종이비행기 접는 방식).

**5.** 나머지 쪽도 같은 방식으로 접는다.

**6.** 양쪽 모두 다시 한 번 중앙을 향해 접어준다.

**7.** 매끈하게 훑어준다.

**8.** 반으로 길게 접어 포갠다.

**9.** 접은 선이 선명해지도록 주먹으로 탁탁 쳐 눌러준다.

**10.** 끝의 뾰족한 모서리를 잡고 손으로 아주 작게 접어준다.

**11.** 이어서 다시 끝을 잡아 접고 첫 번째 접은 곳에 붙이듯이 손가락으로 밀어준다.

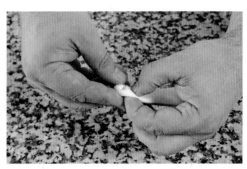

**12.** 같은 방식으로 반복해준다.

**13.** 접은 주름이 점점 커진다.

**14.** 한 손으로 쥔 주름 꽃 부분을 돌려주며 계속 이어간다.

**15.** 냅킨 길이의 1/3 정도를 말아준 다음 작업대에 놓는다.

**16.** 주름잡아 동그랗게 만 것이 풀어지도록 둔다.

**17.** 바닥에 납작하게 놓는다.

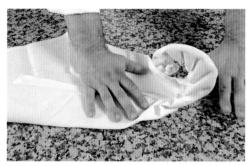

**18.** 음식을 놓게 될 아랫부분을 매끈하게 편다.

**19.** 곤돌라 끝부분을 위로 들어 올려 보기 좋게 모양을 잡아준다.

# 부록

# 저자 소개

기욤 고메즈는 프랑스 요리 부문 국가 명장 중 한 사람으로 프랑스 공화국 요리사 총회장, 유럽 요리사 협회(Euro-Toques) 프랑스 공동회장직을 맡고 있으며 프랑스 국가 유공 훈장, 농업 공훈 훈장, 예술 문화 공훈, 교육 문화 공훈 훈장 등을 수상한 바 있다.

그는 1993년 레스토랑 '르 트라베르시에르(Le Traversière)'에 입사하여 처음 요리사 일을 시작했고 이곳에서 조니 베나리악(Johny Bénariac) 셰프의 지도하에 2년간 단단한 기초를 다질 수 있었다. 베나리악 셰프는 고메즈에게 요리사라는 직업에 대한 열정과 감각을 전수하였고 자신의 직업 행로에서 가장 중요한 만남 중 하나를 일구어냈다.

셰프의 특별한 지도하에 수련생 생활을 마치고, 특히 수렵육 요리법을 전문적으로 익힌 그는 자크 르 디벨렉(Jacques Le Divellec)이 이끄는 레스토랑 주방에 합류했다. 파리 앵발리드에 위치한 미슐랭 2스타의 이 유명 레스토랑은 특히 해산물 요리가 유명한 곳이다. 바로 이곳에서 고메즈는 파인 다이닝 요리와 엄격한 주방 문화에 눈을 뜨게 되었다. 가족적인 분위기의 작은 업장에서 요리사가 20명에 달하는 조직적인 주방으로 이동하면서 큰 변화를 체험하게 된 것이다. 아직 젊은 나이로 주방의 막내였던 기욤 고메즈는 인내를 갖고 최선을 다했고 드디어 셰프의 두터운 신임을 얻는 데 성공했다. 입사 6개월 만에 르 디벨렉 셰프는 그에게서 관리자로서의 잠재성을 발견하였고 그에게 책임자의 자리를 부여했다. 그는 가장 막내 직원인 코미에서 라인 쿡으로 승진하여 자신의 파트를 이끌게 되었다. 또한 고메즈는 이 레스토랑에서 일하면서 프랑수아 미테랑 대통령부터 음악 프로듀서 에디 바클레이에 이르기까지 각계 유명 인사들과 재계, 방송계의 거물 고객에게 음식을 서빙하는 기회를 갖게 되었다.

기욤 고메즈와 3년의 시간을 함께 한 자크 르 디벨렉 셰프는 1997년 6월 대통령 관저인 엘리제궁의 조엘 노르망(Joël Norman) 셰프가 이끄는 주방 팀에 그를 투입했다. 그곳에서 고메즈는 일반 레스토랑과는 또 다른 작업 방식과 리듬을 익히며 적응해나갔다.

고메즈는 1998년부터 각종 요리 경연대회에 출전하기 시작했다. 20세 때 전국 영 셰프 대회를 석권한 뒤 각종 대회에서의 수상을 거쳐 드디어 25세의 나이에 그토록 염원했던 프랑스 국가 명장(MOF) 타이틀을 획득했고 역사상 최연소 수상이라는 기록을 수립했다. 자크 시라크 대통령은 엘리제궁 연회실에서 거행된 시상식에서 그에게 직접 메달을 수여했다.

엘리제궁에서 역대 4명의 대통령들과 함께 해온 기욤 고메즈는 G8, G20 회의 같은 국가 정상들의 중요한 회동과 국제 행사가 열릴 때마다 함께 이동하며 프랑스뿐 아니라 전 세계를 함께 누볐다. 또한 그는 다양한 조리 협회 및 단체의 회원으로도 적극적으로 활동하고 있다. 프랑스 요리 아카데미의 정회원, 세계 요리사 협회 유럽 홍보대사인 그는 미셸 로트(Michel Roth)와 함께 유로토크(Euro-Toques)의 공동 회장직을 맡고 있다. 뿐만 아니라 프랑스 공화국 요리사 협회의 발기인이자 회장인 그는 전 세계 요리사, 제과제빵사들과 폭넓은 네트워크를 구축하고 있다. 그는 또한 전 세계에서 가장 독보적인 위상을 지니고 있다고 해도 과언이 아닌 미식계의 G20 셰프 클럽의 프랑스 대표이다. 이 연합은 각국 국가원수의 요리사들로 구성되어 있다. 그 외에도 그는 프랑스와 해외에서 각종 미식 행사를 주관하고 참가하고 있으며 이를 통해 프랑스 요리와 식재료의 가치를 높이고 기술 및 노하우를 널리 알리는 데 노력을 기울이고 있다.

이처럼 프랑스 미식 유산의 가치를 드높이고 홍보하는 데 심혈을 기울인 공로로 그는 2012년 프랑스 미식 분야를 빛낸 인물로 선정되었다. 또한 2013년 유엔은 그를 지리적 표시 보호 인증 및 홍보 대사로 임명하였다. 방콕에서 열린 임명식에서 함께 선정된 이안 키티차이(Ian Kittichai)와 기욤 고메즈는 세계 최초로 이 분야의 앰버서더로 임명되는 영광을 얻게 되었다. 2014년에는 프랑스 가스트로노미 축제를 관장하는 정부 부처로부터 네 번째 주최자로 선정되었다. 그는 오늘날 프랑스 미식 분야에서 가장 영향력 있는 인물 중 하나로 전 세계에 프랑스 요리를 널리 알리는 가장 훌륭한 홍보대사 중 한 명으로 꼽히고 있다.

# 다양한 채소

**마티뇽**
MATIGNON

**미르푸아**
MIREPOIX

**페이잔**
PAYSANNE

# 썰기 테크닉

**쥘리엔**
JULIENNE

**브뤼누아즈**
BRUNOISE

**뒥셀**
DUXELLES

# 제철 과일, 채소 일람표

| 월 | 1 | 2 | 3 | 4 | 5 | 6 | 7 | 8 | 9 | 10 | 11 | 12 |
|---|---|---|---|---|---|---|---|---|---|---|---|---|
| 살구 | | | | | | ■ | ■ | ■ | | | | |
| 마늘 | ■ | ■ | | | | | | ■ | ■ | ■ | ■ | ■ |
| 아티초크 | | | | | | ■ | ■ | ■ | ■ | | | |
| 아스파라거스 | | | | ■ | ■ | ■ | ■ | | | | | |
| 가지 | | | | | | ■ | ■ | ■ | | | | |
| 비트 | ■ | ■ | ■ | ■ | ■ | ■ | ■ | ■ | | | ■ | ■ |
| 브로콜리 | ■ | ■ | ■ | | | | | | | ■ | ■ | ■ |
| 당근 | | | | ■ | ■ | | | | ■ | ■ | | |
| 블랙커런트 | | | | | | ■ | ■ | ■ | | | | |
| 셀러리 | ■ | ■ | ■ | | | | | | | ■ | ■ | ■ |
| 체리 | | | | | | ■ | ■ | ■ | | | | |
| 양배추 | ■ | ■ | ■ | | | | | | | ■ | ■ | ■ |
| 콜리플라워 | | | | | | | | ■ | ■ | ■ | ■ | ■ |
| 오이 | | | | | ■ | ■ | ■ | ■ | ■ | ■ | | |
| 호박 | | | | | | | | ■ | ■ | ■ | | |
| 주키니호박 | | | | | ■ | ■ | ■ | ■ | | | | |
| 샬롯 | | | | | | ■ | ■ | ■ | | | | |
| 엔다이브 | ■ | ■ | ■ | ■ | | | | | | | | ■ |
| 시금치 | | | | ■ | ■ | ■ | ■ | ■ | ■ | ■ | | |
| 펜넬 | | | | | | ■ | ■ | ■ | ■ | ■ | | |
| 딸기 | | | | | ■ | ■ | ■ | ■ | | | | |
| 라즈베리 | | | | | ■ | ■ | ■ | | ■ | ■ | | |
| 강낭콩 | | | | | | ■ | ■ | ■ | ■ | ■ | | |

| 월 | 1 | 2 | 3 | 4 | 5 | 6 | 7 | 8 | 9 | 10 | 11 | 12 |
|---|---|---|---|---|---|---|---|---|---|---|---|---|
| 양상추 | | | | ■ | ■ | ■ | ■ | ■ | | | | |
| 옥수수 | | | | | | | ■ | ■ | ■ | | | |
| 만다린 귤 | ■ | ■ | | | | | | | | | ■ | ■ |
| 멜론 | | | | | | ■ | ■ | ■ | ■ | | | |
| 미라벨 자두 | | | | | | | | ■ | ■ | | | |
| 순무 | ■ | ■ | ■ | ■ | | | | | | ■ | ■ | ■ |
| 천도복숭아 | | | | | | | ■ | ■ | ■ | | | |
| 양파 | ■ | ■ | ■ | | | | ■ | ■ | ■ | ■ | ■ | ■ |
| 오렌지 | ■ | ■ | ■ | | | | | | | | | ■ |
| 복숭아 | | | | | | | ■ | ■ | ■ | ■ | | |
| 완두콩 | | | | | ■ | ■ | | | | | | |
| 서양배 | ■ | ■ | ■ | | | | | ■ | ■ | ■ | ■ | ■ |
| 리크(서양대파) | ■ | ■ | | | | | | | | ■ | ■ | ■ |
| 사과 | ■ | ■ | ■ | ■ | | | ■ | ■ | ■ | ■ | ■ | ■ |
| 감자 | ■ | ■ | ■ | ■ | ■ | ■ | ■ | ■ | ■ | ■ | ■ | ■ |
| 피망 | | | | | | ■ | ■ | ■ | | | | |
| 자두 | | | | | | ■ | ■ | ■ | ■ | | | |
| 건자두 | | | | | | | | ■ | ■ | | | |
| 무 | | | | ■ | ■ | ■ | ■ | ■ | ■ | | | |
| 포도 | | | | | | | | | ■ | ■ | ■ | |
| 루바브 | | | | | ■ | ■ | | | | | | |
| 샐러드 상추 | | | | ■ | ■ | ■ | ■ | ■ | ■ | ■ | ■ | |
| 토마토 | | | | | | ■ | ■ | ■ | ■ | | | |

# 제철 생선, 갑각류 해산물 일람표

| 월 | 1 | 2 | 3 | 4 | 5 | 6 | 7 | 8 | 9 | 10 | 11 | 12 |
|---|---|---|---|---|---|---|---|---|---|---|---|---|
| 스파이더 크랩 | ■ | ■ | ■ | ■ | ■ | ■ | | | | | ■ | ■ |
| 농어 | | | | ■ | ■ | ■ | ■ | ■ | ■ | ■ | ■ | ■ |
| 경단고둥 | ■ | ■ | ■ | | | | | | | | ■ | ■ |
| 강꼬치고기 | | | ■ | | | | | | | | | |
| 물레고둥 | | ■ | ■ | ■ | ■ | ■ | ■ | ■ | ■ | ■ | | |
| 대구 | | ■ | ■ | ■ | ■ | ■ | ■ | ■ | ■ | ■ | | |
| 오징어 | ■ | ■ | ■ | | | | | ■ | ■ | | | |
| 붕장어 | | ■ | ■ | ■ | ■ | | | ■ | ■ | | | |
| 가리비 | ■ | ■ | ■ | ■ | | | | | | ■ | ■ | ■ |
| 새우 | | | | | | ■ | ■ | ■ | ■ | | | ■ |
| 도미 | ■ | ■ | ■ | | | | | | | | | |
| 민물가재 | | | | | ■ | ■ | ■ | ■ | ■ | ■ | | |
| 왕새우 | | | | | | ■ | ■ | ■ | ■ | | | ■ |
| 청어 | | | | | | | | | | ■ | ■ | ■ |
| 랍스터 | | ■ | ■ | ■ | ■ | ■ | | | | | | |
| 굴 | ■ | ■ | ■ | | | | | | | | ■ | ■ |
| 스파이니 랍스터 | | | | | | | | | ■ | ■ | ■ | ■ |
| 스캄피 | | | | ■ | ■ | ■ | ■ | ■ | | | | |
| 아귀 | | ■ | ■ | ■ | ■ | ■ | ■ | ■ | ■ | | | |
| 고등어 | | | ■ | ■ | ■ | ■ | ■ | ■ | ■ | | | |
| 명태 | ■ | ■ | ■ | | | | | | | | | |
| 메를루사 | | ■ | ■ | ■ | ■ | ■ | | | | | | |
| 홍합 | ■ | ■ | | | | | | | ■ | ■ | ■ | ■ |
| 가오리, 홍어 | | ■ | ■ | ■ | ■ | ■ | ■ | ■ | ■ | ■ | ■ | ■ |
| 노랑촉수 | | ■ | ■ | ■ | ■ | ■ | ■ | ■ | ■ | ■ | ■ | ■ |
| 점상어 | | ■ | ■ | ■ | ■ | ■ | ■ | ■ | ■ | ■ | ■ | ■ |
| 정어리 | | | | ■ | ■ | ■ | ■ | ■ | ■ | ■ | ■ | ■ |
| 연어 | ■ | ■ | ■ | ■ | ■ | ■ | ■ | ■ | | | ■ | ■ |
| 서대 | | | | ■ | ■ | ■ | ■ | ■ | ■ | ■ | ■ | ■ |

| | | | | | | | | | | | | |
|---|---|---|---|---|---|---|---|---|---|---|---|---|
| 달고기 | | | | ■ | ■ | ■ | ■ | ■ | ■ | ■ | ■ | |
| 참다랑어 | | | | | | ■ | ■ | ■ | ■ | ■ | | |
| 브라운 크랩 | | | | | | ■ | ■ | ■ | ■ | ■ | ■ | |
| 대문짝넙치 | | | | ■ | ■ | ■ | ■ | ■ | ■ | ■ | | |

# 제철 육류, 가금류 일람표

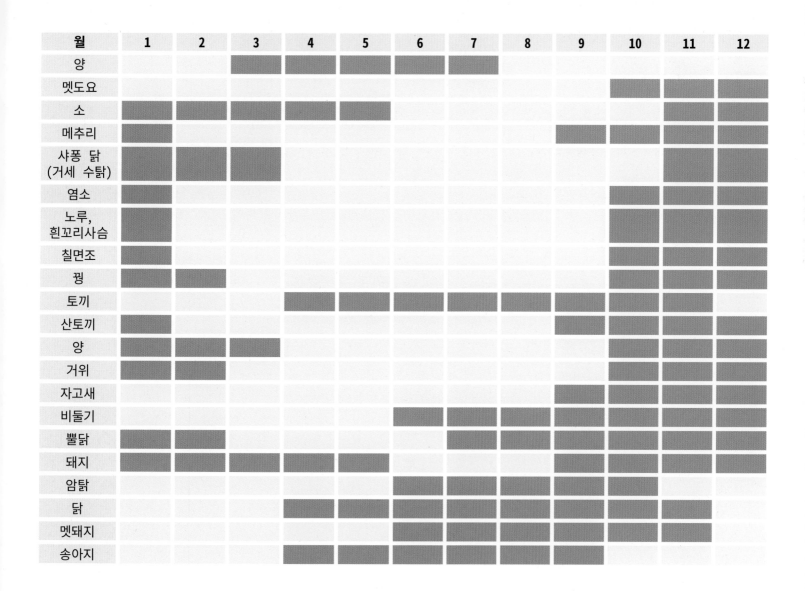

| 월 | 1 | 2 | 3 | 4 | 5 | 6 | 7 | 8 | 9 | 10 | 11 | 12 |
|---|---|---|---|---|---|---|---|---|---|---|---|---|
| 양 | | | ■ | ■ | ■ | ■ | ■ | | | | | |
| 멧도요 | | | | | | | | | | ■ | ■ | ■ |
| 소 | ■ | ■ | ■ | ■ | ■ | | | | | | ■ | ■ |
| 메추리 | ■ | | | | | | | | ■ | ■ | ■ | ■ |
| 샤퐁 닭 (거세 수탉) | ■ | ■ | ■ | | | | | | | | ■ | ■ |
| 염소 | ■ | | | | | | | | | ■ | ■ | ■ |
| 노루, 흰꼬리사슴 | ■ | | | | | | | | | ■ | ■ | ■ |
| 칠면조 | ■ | | | | | | | | | ■ | ■ | ■ |
| 꿩 | ■ | ■ | | | | | | | | ■ | ■ | ■ |
| 토끼 | | | | ■ | ■ | ■ | ■ | | | ■ | ■ | ■ |
| 산토끼 | | | | | | | | | ■ | ■ | ■ | ■ |
| 양 | ■ | ■ | ■ | | | | | | | ■ | ■ | ■ |
| 거위 | ■ | ■ | | | | | | | | ■ | ■ | ■ |
| 자고새 | | | | | | | | | ■ | ■ | ■ | ■ |
| 비둘기 | | | | | | ■ | ■ | ■ | | ■ | ■ | ■ |
| 뿔닭 | ■ | ■ | | | | | | ■ | | ■ | ■ | ■ |
| 돼지 | ■ | ■ | ■ | ■ | ■ | | | | ■ | ■ | ■ | ■ |
| 암탉 | | | | | | ■ | ■ | ■ | ■ | | | |
| 닭 | | | | ■ | ■ | ■ | ■ | ■ | ■ | ■ | ■ | ■ |
| 멧돼지 | | | | | | ■ | ■ | ■ | | ■ | ■ | ■ |
| 송아지 | | | | ■ | ■ | ■ | ■ | ■ | ■ | | | |

# 조리 용어 정리

**Abaisser** 아베세 : 밀가루를 뿌린 작업대 바닥에 반죽을 놓고 밀대를 사용해 원하는 두께로 밀다. 이렇게 민 반죽을 '아베스(abaisse)'라고 부른다.

**Abats** 아바 : 육류의 머리, 골, 콩팥, 혀, 간, 염통, 흉선 등의 내장, 부속.

**Abattis** 아바티 : 가금육(또는 수렵육)의 머리, 목, 날개, 발, 모래주머니, 염통, 간 등의 내장, 부속.

**Accras** 아크라 : 생선이나 채소로 만든 작고 동그란 튀김으로 주로 애피타이저나 아페리티프로 서빙된다.

**Aileron** 엘르롱 : 닭 날개의 끝부분.

**Amidon** 아미동 : 곡식, 콩류, 구근류, 열매, 뿌리 등에 존재하는 전분. 요리에서 이 녹말 성분은 주로 농후제로 사용된다.

**Appareil** 아파레이 : 여러 재료를 섞은 혼합물(묽은 반죽이나 배터 등)로 요리 레시피의 베이스로 사용된다.

**Arête** 아레트 : 생선의 가시뼈.

**Arroser** 아로제 : 고기, 가금육이 조리 중 마르지 않도록 액상의 기름, 녹인 버터 또는 육수 등을 끼얹어 주는 것을 뜻한다.

**Assaisonner** 아세조네 : 소금, 후추 또는 향신료 등을 넣어 간을 하다.

**Badigeonner** 바디죠네 : 음식에 기름, 달걀 푼 것 또는 소스 등을 발라 씌우는 것을 뜻하며 종종 주방용 붓을 사용한다.

**Bain-marie** 뱅 마리 : 중탕. 음식이 담긴 용기를 끓는 물이 담긴 더 큰 큰 용기에 넣거나 그 위에 얹어 익히는 중탕 조리를 뜻한다. 주로 초콜릿을 녹일 때 많이 사용되는 방법으로 열의 급격한 전달을 막을 수 있다.

**Barder** 바르데 : 얇은 비계나 베이컨 등으로 재료를 감싸 덮다. 조리 중 재료가 마르는 것을 막아주는 효과가 있다.

**Battre** 바트르 : 재료 또는 혼합물을 세게 휘젓거나 두드려 농도, 제형, 색 등을 변화시키다. 예: 달걀흰자를 저어 거품내기, 고기 에스칼로프를 두드려 납작하게 펴기 등...

**Baveux/-euse** 바뵈/바뵈즈 : 완전히 익지 않은 질감의 상태를 말한다(오믈렛 등).

**Bec d'oiseau** 벡 두아조 : '새의 부리'라는 뜻으로 혼합물이 거품이 나되 아직 약간 액상을 띤 상태를 가리킨다. 이 상태에 도달했는지 확인하려면 거품기로 혼합물을 휘저은 다음 들어서 끝이 새 부리처럼 살짝 구부러지는 모양이 되는지 살펴보면 된다. 예 : 달걀흰자를 휘저어 거품을 올리는 경우.

**Beurre clarifié** 뵈르 클라리피에 : 정제 버터. 버터를 젓지 않고 중탕이나 바닥이 두꺼운 소스팬에 녹인 뒤 유청을 제거한 상태를 뜻한다.

**Beurre pommade** 뵈르 포마드 : 버터를 물러지게 두어 마치 포마드처럼 매끈하고 부드러운 상태로 만든 것.

**Beurrer** 뵈레 : 음식이 조리 중 달라붙지 않도록 틀이나 그릇 안쪽 면에 버터를 바르다.

**Blanchir** 블랑시르 : 찬물에 재료를 넣고 끓을 때까지 가열해 데치다. 녹색 채소의 경우에는 끓는 물에 넣고 데친 뒤 건져서 얼음물에 식힌다.

**Blanquette** 블랑케트 : 가금육 또는 송아지고기를 흰색 육수에 익힌 스튜의 일종.

**Blondir** 블롱디르 : 재료에 살짝 노릇한 색이 나도록 익히다.

**Botteler** 보틀레 : 다발로 묶어 단을 만들다.

**Bouillon** 부이용 : 육수. 고기, 가금육 또는 채소를 물에 넣고 장시간 끓여 얻은 국물.

**Bouillir** 부이르 : 끓이다.

**Bouler** 불레 : 반죽을 손바닥 우묵한 곳에 놓고 동글동글하게 만든 뒤 작업대 위에서 굴려가며 공 모양으로 빚다.

**Braiser** 브레제 : 브레이징하다. 재료에 국물을 자작하게 잡고 뚜껑을 덮은 뒤 천천히 익히다.

**Branchies** 브랑시 : 아가미. 생선의 호흡기관인 아가미는 손질하는 과정에서 떼어내야 한다.

**Bréchet (os du ~)** (오스 뒤) 브레셰 : 가금류의 용골뼈. V자 모양의 작고 가는 이 뼈는 조리 준비 시 떼어내는 게 일반적이다.

**Brider** 브리데 : 가금육의 사지를 실과 바늘을 이용해 묶다. 이렇게 고정시키면 조리 도중 흐트러지는 것을 막을 수 있다.

**Brosser** 브로세 : 솔로 문질러 닦다.

**Brunoise** 브뤼누아즈 : 과일이나 채소를 사방 2mm 크기의 작은 주사위 모양으로 썬 것.

**Caramel** 카라멜 : 캐러멜. 설탕을 타기 전까지 가열한 마지막 상태.

**Carré** 카레 : 고기의 갈빗대와 살 덩어리, 뼈 등심 랙.

**Chapelure** 샤플뤼르 : 빵가루. 마른 빵을 갈거나 체에 내려 만든다.

**Châtrer** 샤트레 : 민물가재를 조리하기 전 내장을 제거하다.

**Chaud-froid** 쇼 프루아 : 가금육, 수렵육 또는 생선을 뜨겁게 조리한 뒤 차가운 소스를 끼얹은 요리로 차갑게 서빙한다.

**Cheminée** 슈미네 : '굴뚝'이라는 의미로, 음식을 조리하는 동안 수증기가 빠져나갈 수 있도록 크러스트 반죽 생지에 만들어준 구멍을 뜻한다. 슈미네 구멍에 알루미늄 포일 또는 유산지를 말아 끼우거나 스텐 재질 깍지를 끼워두면 형태를 더 단단히 유지할 수 있으며 파테 앙 크루트와 같은 요리를 익혀 식히고 난 뒤 액체 상태의 젤리를 안으로 흘려 넣을 때도 유용하다.

**Chemise (en ~)** (앙) 슈미즈 : 마늘의 껍질을 벗기지 않은 상태.

**Chinoiser** 시누아제 : 시누아(원뿔체)에 소스나 수프 등을 거르다.

**Chiqueter** 시크테 : 얇게 민 반죽 가장자리에 과도나 집게를 이용해 빙 둘러 무늬를 내는 작업. 파이 등을 구울 때 시트 반죽의 모양이 더 잘 잡히도록 해주는 효과가 있다.

**Ciseler** 시즐레 : 채소를 아주 작은 주사위 모양으로 썰다. 또는 허브를 잘게 송송 썰다.

**Clarifier** 클라리피에 : 콩소메 등을 더욱 맑게 정화하기 위하여 체에 거르거나 불순물을 분리하여 거두어내는 작업. 이 용어는 버터에서 유청을 제거하여 정제 버터를 만들 때 (Beurre clarifié 참조), 또는 달걀의 흰자와 노른자를 조심스럽게 분리할 때도 사용된다.

**Colorer** 콜로레 : 재료를 익혀 노릇한 색을 내주다.

**Compoter** 콩포테 : 재료가 흐물흐물하게 해체될 때까지 천천히 익히다.

**Concasser** 콩카세 : 굵직하게 다지다.

**Confire** 콩피르 : 고기를 제 기름에 천천히 익히다. 이 용어는 과일을 다양한 농도의 시럽에 넣고 천천히 익히는 과정에도 사용된다.

**Consommé** 콩소메 : 육수(고기, 닭, 생선 등) 베이스의 국물을 맑게 정제한 수프.

**Corder** 코르데 : 반죽이나 감자 퓌레 등에 탄성이 생겨 질감이 쫀득해지다.

**Corner** 코르네 : 스크래퍼를 이용해 용기 안의 내용물을 꼼꼼히 긁어내다.

**Couper en crayon** 쿠페 앙 크레용 : 연필 모양으로 깎다. 일반적으로 포치니 버섯 밑동을 다듬을 때 사용하는 테크닉으로 마치 연필을 깎듯이 끝을 뾰족하게 잘라내는 것을 뜻한다.

**Court mouillement** 쿠르 무이유망 : 채소 가니시 위에 재료를 올리고 아주 소량의 액체를 넣어 자작하게 익히는 조리법.

**Couvrir** 쿠브리르 : 뚜껑을 덮다.

**Crémer** 크레메 : 준비된 혼합물이나 음식에 크림을 첨가하다.

**Croupion** 크루피옹 : 가금류의 꽁무니 부위.

**Cuire à l'anglaise** 퀴르 아 앙글레즈 : '영국식으로 익히다'라는 뜻으로 재료를 끓는 소금물에 넣어 데치는 방식을 가리킨다(동의어 : pocher).

**Cuire à l'étouffée** 퀴르 아 레투페 : 재료를 냄비에 넣고 아무것도 첨가하지 않은 상태로 뚜껑을 덮은 뒤 자체 수분의 증기로 찌듯이 익히는 방법이다.

**Cuisson** 퀴송 : 익힘, 또는 익힌 정도. 경우에 따라 재료를 넣어 익힌 액체(국물 또는 소스)를 지칭하기도 한다 (jus de cuisson이라고도 부른다).

**Cul-de-poule** 퀴 드 풀 : 바닥이 둥근 반구형의 볼. 달걀 흰자의 거품을 내는 등 다양한 용도로 사용된다(동의어 : calotte).

**Culotte** 퀼로트 : 소의 넓적다리 윗부분.

**Décanter** 데캉테 : 액체를 가만히 두어 부유하는 불순물을 제거하다.

**Décortiquer** 데코르티케 : 몇몇 갑각류 해산물의 껍데기를 제거하다.

**Découenner** 데쿠아네 : 돼지고기 껍데기를 떼어내다.

**Déculotter** 데퀼로테 : 소고기의 허벅지 윗부분을 잘라내다.

**Déglacer** 데글라세 : 디글레이즈. 음식을 조리한 용기에 액체를 첨가해 눌어붙은 육즙을 떼어내다.

**Dégorger** 데고르제 : 채소 등을 소금에 절여 수분을 빼거나 몇몇 식재료를 물에 담가 핏물을 제거하다.

**Dégraisser** 데그레세 : 고기의 기름을 떼어내거나 소스 등의 표면에 떠오르는 기름을 걷어내다.

**Délayer** 델레예 : 어떤 물질을 액체에 넣어 풀어주거나 개어서 섞어주다.

**Démouler** 데물레 : 음식을 틀에서 분리하다.

**Dénoyauter** 데누아요테 : 과일의 씨(핵)를 제거하다.

**Désarêter** 데자레테 : 생선의 가시를 제거하다.

**Déshydrater** 데지드라테 : 식품의 수분을 제거하다.

**Désosser** 데조세 : 뼈를 제거하다.

**Dessécher** 데세셰 : 음식물의 수분을 증발시켜 날리다.

**Détailler** 데타이예 : 일정한 형태로 재료를 자르다. 예를 들어 쿠키커터 등을 사용해 모양을 잘라내는 경우에도 적용된다.

**Détendre** 데탕드르 : 반죽(또는 혼합물)에 액체나 적절한 재료(물, 우유, 달걀 등)를 넣어 더 묽고 부드럽게 풀어주는 작업을 뜻한다.

**Déveiner** 데베네 : 푸아그라의 핏줄을 제거하다.

**Dissoudre** 디수드르 : 고형 물질에 액체를 더해 녹이다.

**Dorer** 도레 : 붓으로 달걀물(달걀노른자 베이스)을 발라주다.

**Dresser** 드레세 : 보기 좋게 플레이팅하다.

**Duxelles** 뒥셀 : 다진 양송이버섯에 잘게 썬 양파, 샬롯을 넣고 버터에 볶은 것.

**Eau de végétation** 오 드 베제타시옹 : 채소를 익힐 때 배출되는 수분.

**Ébarber** 에바르베 : 생선 손질 시 지느러미를 잘라내다.

**Ébouillanter** 에부이양테 : 재료를 끓는 물에 넣다.

**Écailler** 에카이예 : 생선의 비늘을 제거하다.

**Écaler** 에칼레 : 삶은 달걀의 껍질을 벗기다.

**Échine** 에신 : 돼지 목살. 돼지의 목에서부터 5번째 윗갈빗대까지 이르는 목심 부위.

**Écorce** 에코르스 : 몇몇 과일의 껍질을 가리킨다.

**Écosser** 에코세 : 완두콩, 강낭콩 등을 깍지에서 꺼내다.

**Écumer** 에퀴메 : 음식물을 끓일 때 표면에 뜨는 거품을 걷어내다.

**Écussonner** 에퀴소네 : 아스파라거스 손질 시 껍질의 비늘 같은 눈 부분을 제거하다.

**Effeuiller** 에푀이예 : 허브의 잎을 줄기에서 떼어내다.

**Effiler** 에필레 : 아몬드나 피스타치오를 길이로 얇게 슬라이스하다.

**Égoutter** 에구테 : 식품의 물기를 털어내 제거하다.

**Égrainer** 에그레네 : 곡물(쌀, 세몰리나 등)을 익힌 뒤 주방용 큰 포크를 이용해 알알이 분리하다.

**Émietter** 에미에테 : 부스러기로 잘게 부수다.

**Émincer** 에맹세 : 과일이나 채소를 일정한 두께로 얇게 썰다.

**Enfourner** 앙푸르네 : 오븐에 넣다.

**Entame** 앙탐 : 음식을 자른 첫 조각.

**Épépiner** 에페피네 : 몇몇 과일의 씨를 제거하다.

**Équeuter** 에크테 : 버섯의 밑동 등 식품의 끝부분을 떼어내다.

**Escalope** 에스칼로프 : 고기, 가금육, 생선 등을 익히거나 굽기 전에 레시피에 따라 알맞은 두께로 슬라이스한 것.

**Escaloper** 에스칼로페 : 적당한 두께로 어슷하게 자르다.

**Étamine** 에타민 : 각종 액체를 거를 때 사용하는 부드럽고 얇은 천.

**Façonner** 파소네 : 반죽을 손으로 만져 일정한 형태로 만들다. 성형하다.

**Farce** 파르스 : 재료를 다진 뒤 양념한 소로 요리 안에 채워 넣는 용도로 사용된다. 스터핑.

**Farcir** 파르시르 : 소를 채워 넣다.

**Feu doux** 푀 두 : 약불, 약불로 조리하기.

**Feu vif** 푀 비프 : 강한 불, 강한 불로 조리하기.

**Feuilletage** 푀유타주 : 파트 푀유테(퍼프 페이스트리)

**Feuilleter** 푀유테 : 유지류(버터 또는 마가린)를 함유하고 있으며 여러 겹의 얇은 층으로 이루어진 반죽을 만들다.

**Ficeler** 피슬레 : 실로 단단히 묶다.

**Filet** 필레 : 동물의 살 중 가장 연하고 섬세한 맛을 지닌 부위.

**Filmer** 필르메 : 주방용 랩으로 음식을 씌우다.

**Filtrer** 필트레 : 음식물을 원뿔체나 망 등에 걸러 불순물을 제거하다.

**Flamber** 플랑베 : 음식물에 알코올을 뿌린 뒤 불을 붙이다.

**Fleurer** 플뢰레 : 들러붙는 것을 방지하기 위하여 반죽이나 오븐팬, 작업대 바닥 또는 틀 등에 얇게 밀가루를 뿌리다 (동의어 : fariner).

**Foncer** 퐁세 : 베이킹용 틀이나 오븐팬 안쪽 면에 얇게 민 반죽 생지를 채워 깔아주다. 바닥은 물론 내벽에도 반죽을 밀착시켜 대주어야 한다.

**Fond** 퐁 : 육수를 졸인 것으로 일반적으로 소스의 베이스로 사용된다.

**Fondre** 퐁드르 : 녹다. 녹이다. 고형을 액상을 만들다.

**Fouler** 풀레 : 음식물을 체에 거를 때 국자 등으로 꾹꾹 눌러 최대한 많은 액체를 추출해 내는 작업을 뜻한다.

**Fourrer** 푸레 : 채우다. 음식물 안에 소를 채우다.

**Fraiser** 프레제 : 손바닥 아랫부분으로 반죽을 짓이기듯이 바닥에 눌러 밀어 매끈하게 만드는 방법. 반죽에 탄력이 생기지 않도록 할 때 사용하는 반죽법이다(동의어 : fraser).

**Frémir** 프레미르 : 아주 약하게 끓이다. 시머링하다.

**Fricassée** 프리카세 : 팬 프라이의 일종. 일반적으로 뚜껑을 덮고 팬에 익힌다.

**Frire** 프리르 : 재료를 넉넉한 양의 기름에 넣고 튀기다.

**Fumer** 퓌메 : 고기, 가금육, 또는 생선을 연기에 노출해 익히다. 이 조리방식은 맛을 더욱 잘 보존할 수 있으며 훈연 특유의 향을 입힐 수 있다.

**Fumet** 퓌메 : 생선 육수.

**Garniture** 가르니튀르 : 요리에 곁들이거나 장식용으로 더하는 음식. 가니시.

**Gélatine** 젤라틴 : 무색, 무취의 고형 물질로 동물의 뼈와 세포 조직에서 추출한다.

**Gelée** 즐레 : 고기의 육즙, 정수가 식으면서 젤리처럼 말랑한 상태로 굳은 것.

**Germe** 제름 : 마늘 안에 들어 있는 연두색의 싹. 쓴맛이 날 수 있으니 조리 전 제거하는 것이 좋다.

**Gibier** 지비에 : 수렵육. 고기를 소비하기 위하여 사냥으로 잡은 동물.

**Gigot** 지고 : 식용으로 소비하기 위해 자른 동물(양 등...)의 넓적다리.

**Glaçage** 글라사주 : 글레이징. 케이크 장식용으로 겉면을 씌우는 작업. 요리에 소스를 씌우는 경우에도 적용된다.

**Glacer à la salamandre** 글레세 아 라 살라망드르 : 음식에 버터를 얹거나 슈거파우더를 솔솔 뿌린 뒤 살라만더 그릴(윗면의 열선으로 가열하는 브로일러의 일종으로 전문 요리사들의 주방에서 많이 사용한다) 아래에 넣고 재빨리 그라티네(gratiner) 하는 조리법.

**Gratiner** 그라티네 : 음식에 그뤼예르, 파르메산 등의 치즈나 기타 재료를 뿌린 뒤 오븐에 넣어 표면에 노릇한 색이 나도록 그라탱처럼 익히는 방식.

**Grumeaux** 그뤼모 : 혼합물이 잘 섞이지 않았을 때 뭉쳐 있는 작은 덩어리.

**Habiller** 아비예 : 가금류나 생선을 조리하기 전 손질하는 준비작업을 뜻한다. 가금육은 우선 토치로 그슬려 잔털을 제거하고 불필요한 부위를 잘라낸 다음 내장을 빼내고 날개 끝, 발, 목, 간, 모래주머니 등을 따로 잘라둔다. 생선의 경우 비늘을 벗기고 지느러미를 잘라낸 다음 내장을 꺼내고 씻는다.

**Hacher** 아셰 : 잘게 다지다.

**Historier** 이스토리에 : 음식을 보기 좋게 장식하다(예: 삶은 달걀을 삐죽삐죽하게 모양내어 자르기 등).

**Huiler** 윌레 : 음식이 조리 중 달라붙지 않도록 틀이나 팬 안쪽 면에 버터나 기름을 바르다.

**Incorporer** 앵코르포레 : 음식에 한 가지 또는 여러 가지의 재료를 더한 뒤 균일한 혼합물이 되도록 살살 저어 섞어 주다.

**Inciser** 엥시제 : 칼집을 내다. 음식이 더 잘 익도록 하거나 양념 등이 잘 스며들도록 하기 위해 칼로 살짝 찔러준다.

**Jarret** 자레 : 송아지의 다리와 상박부, 정강이에 해당하는 부위.

**Julienne** 쥘리엔 : 채소를 약 5~6cm 길이로 가늘게 채 썬 것. 쥘리엔 썰기.

**Laminer** 라미네 : 반죽을 파스타 롤러(laminoir)에 넣어 납작하게 압착하다. 이어서 일정한 두께의 국수로 뽑는다.

**Lever** 르베 : 생선의 필레를 '떠내는' 작업을 가리키는 용어.

**Lier** 리에 : 액체 상태의 음식에 농후제 역할을 하는 재료(생크림, 달걀노른자, 버터, 밀가루 등)를 더해 걸쭉한 농도로 만들다.

**Lobes** 로브 : 크기가 다른 두 부분으로 나뉜 푸아그라의 둥그스름한 덩어리를 가리킨다.

**Lustrer** 뤼스트레 : 음식에 반짝이는 윤기를 내기 위해 정제 버터, 기름 또는 달걀노른자 등을 발라 씌우는 것을 뜻한다.

**Macédoine** 마세두안 : 각종 채소를 주사위 모양으로 썰어 섞은 것.

**Manchonner** 망쇼네 : 고기 갈빗대 등의 뼈를 덮고 있는 살을 긁어 벗겨내다.

**Mariner** 마리네 : 재료를 향신료, 액체, 허브, 채소 등으로 이루어진 양념 혼합물에 넣고 몇 시간 동안 재워두는 것을 뜻한다. 이는 고기 등의 육질을 연하게 하며 풍미가 잘 배도록 하기 위함이다.

**Marquer** 마르케 : 칼로 그어 자국을 내주다.

**Masser** 마세 : 시럽을 만들기 위해 설탕을 가열할 때 소스 팬 가장자리에 설탕이 굳어 작은 덩어리가 생기는 현상을 의미한다.

**Matignon** 마티뇽 : 과일이나 채소를 사방 0.5~1cm 크기의 작은 주사위 모양으로 썬 것.

**Migaine** 미겐 : 생크림과 달걀 혼합물로 키슈 로렌 등의 짭짤한 타르트를 만들 때 필링으로 사용된다.

**Mijoter** 미조테 : 약한 불로 뭉근하게 천천히 익히다.

**Mirepoix** 미르푸아 : 과일이나 채소를 사방 약 1cm 크기의 주사위 모양으로 썬 것.

**Mixer** 믹세 : 재료를 블렌더에 넣고 갈아 혼합하다.

**Monder** 몽데 : 채소나 과일을 끓는 물에 몇 초간 담가 데친 뒤 찬물에 식혀 껍질을 벗기다(동의어 : émonder).

**Monter** 몽테 : 달걀흰자, 생크림 또는 기타 음식물을 거품기로 휘저어 공기를 주입함으로써 부피를 늘리고 가벼운 질감으로 만들어주는 것을 뜻한다.

**Mouiller** 무이예 : 음식물에 액체를 넣어 익히다. 국물을 잡아주다.

**Mousser** 무세 : 음식물을 거품기로 휘저어 가볍고 부드러운 질감을 만들다. 팬 위에서 버터가 녹으며 거품이 이는 상태를 가리키기도 한다.

**Napper** 나페 : 음식에 소스나 크림을 끼얹어 덮어주다.

**Noix** 누아 : 소 허벅지의 안쪽 부위 살.

**Obturer** 옵튀레 : 완전히 밀봉하다.

**"PAC"(prêt à cuire)** 프레타퀴르 : 바로 조리할 수 있도록 준비된 상태의 식품(ready to cook).

**Paleron** 팔르롱 : 소 부채살. 소 앞다리 견갑골 바깥쪽에 위치한 넓적한 살코기 부위.

**Panade** 파나드 : 물, 우유, 버터, 밀가루의 혼합물로 크넬 타입의 소를 만들 때 사용된다..

**Paner** 파네 : 익히거나 굽기 전에 빵가루를 씌우다.

**Paner à l'anglaise** 파네 아 랑글레즈 : 재료를 조리하기 전, 밀가루, 달걀, 빵가루를 입히다.

**Parer** 파레 : 식재료의 먹을 수 없는 모든 부분을 잘라내 다듬다.

**Parures** 파뤼르 : 식품을 자르고 남은 자투리 부분. 육즙 소스를 만들거나 육수를 낼 때 또는 다져서 소재료를 만들 때 활용할 수 있다.

**Passer** 파세 : 소스 등의 음식물을 원뿔체나 거름 소쿠리(콜랜더) 등에 거르다. 고운 농도로 체에 내리거나 먹을 수 있는 부분만 걸러낼 때 사용한다.

**Paupiette** 포피예트 : 얇은 고기에 소를 채워 만 다음 익히는 요리.

**Paysanne** 페이잔 : 과일이나 채소를 약 1cm 크기의 삼각형이나 정사각형으로 작게 썬 것.

**Pédoncule** 페동퀼 : 토마토의 줄기꼭지.

**Pétrir** 페트리르 : 반죽하다.

**Piler** 필레 : 절구 등을 이용해 음식물을 빻아 퓌레로 만들다.

**Piquer** 피케 : 반죽 시트가 굽는 도중 부풀어 오르는 것을 막기 위해 칼이나 포크를 이용해 콕콕 찔러 작은 구멍을 내주다.

**Pistou** 피스투 : 바질에 올리브오일을 넣고 갈아 혼합한 페이스트.

**P.M. « pour mémoire »** 푸르 메무아르 : 재료 계량을 특정할 수 없을 때 사용되는 표현으로 각자의 입맛에 따라 결정된다.

**Pocher** 포셰 : 데치다. 아주 약하게 끓는 상태의 물에 재료를 넣어 천천히 데치다.

**Pochon** 포숑 : 작은 국자.

**Poêler** 푸알레 : 고기나 가금육을 프라이팬, 소테팬 또는 우묵한 팬에 넣고 볶다. 주로 향신재료를 넣고 뚜껑을 덮어 볶는다.

**Pommade** 포마드 : 균일하고 부드러운 페이스트와 같은 농도의 혼합물이나 지방을 가리킨다(예 : 부드러운 포마드 상태의 버터).

**Pommé** 포메 : 둥근 형태를 지닌 결구형 채소를 가리킬 때 사용하는 용어로 주로 양배추를 지칭할 때 쓴다.

**Potage** 포타주 : 채소, 허브, 고기, 생선, 갑각류 해산물 등으로 맛을 낸 수프를 지칭하며 경우에 따라 체에 걸러 만들기도 한다.

**Préchauffer** 프레쇼페 : 요리를 넣어 익히기 전 오븐을 예열하다.

**Préparer** 프레파레 : 몇몇 식재료의 기름이나 먹을 수 없는 부분을 제거해 다듬다.

**Pulpe** 퓔프 : 착즙한 과일이나 채소 주스에 남아 있는 과육 펄프 입자.

**Quadriller** 카드리예 : 그릴 팬이나 석쇠 등에 식재료를 구워 격자모양의 자국을 내주다.

**Quartier** 카르티에 : 과일이나 채소를 4등분한 조각 1개, 또는 오렌지 류 과일의 세그먼트 조각.

**Râble** 라블 : 토끼의 어깨뿌리에서 허벅지에 이르는 중간 허리 부위.

**Râper** 라페 : 식재료를 강판이나 채칼로 갈다.

**Réduire** 레뒤르 : 액체를 끓여서 수분을 증발시켜 졸이다.

**Reposer (laisser ~)** (레세) 르포제 : 반죽이나 요리를 위해 준비한 혼합물을 다음 조리단계 진행을 위해 휴지시키다.

**Réserver** 레제르베 : 재료를 다음 조리단계 전까지 보관하다.

**Revenir (faire ~)** (페르) 르브니르 : 재료를 기름이나 버터에 볶아 익히다.

**Ris** 리 : 송아지나 양의 흉부 입구에 위치한 흉선으로 성장하면서 차츰 사라진다.

**Rissoler (faire ~)** 페르 리솔레 : 소량의 지방을 넣어 재료를 볶다.

**Rôtir** 로티르 : 로스트. 고기나 가금육을 오븐에 굽다. 또는 로스팅용 꼬챙이에 꽂아 오븐에서 익히다.

**Roussir** 루시르 : 재료를 적갈색이 날 때까지 익히다.

**Roux** 루 : 밀가루에 지방을 섞어 익힌 것. 요리에 넣어 농후제로 사용할 수 있다.

**Sabayon** 사바용 : 달걀노른자를 베이스로 하여 익힌 크림.

**Sangler** 상글레 : 얼음이 담긴 용기에 넣어 식히다.

**Saumure** 소뮈르 : 식품 염장용 소금물.

**Saupoudrer** 소푸드레 : 잘게 부순 입자 또는 가루 상태의 재료를 요리에 솔솔 뿌리다.

**Sauter** 소테 : 소테팬이나 프라이팬에 약간의 지방을 뜨겁게 달군 뒤 재료를 넣고 센불에서 뚜껑을 덮지 않고 볶다.

**Serrer** 세레 : 재료를 휘핑할 때 마지막에 빠른 속도로 거품기를 휘저어 균일하고 단단한 상태를 만드는 것을 뜻한다.

**Singer** 생제 : 음식에 농도를 더하기 위해 밀가루를 솔솔 뿌리다.

**Sirop** 시로 : 설탕을 100℃에 도달할 때까지 끓인 시럽.

**Sirupeux/-euse** 시뤼푀/시뤼푀즈 : 시럽처럼 약간 끈적이는 농도를 지칭한다.

**Soudure** 수뒤르 : 반죽의 양끝이 만나 붙는 접합 지점. 성형할 때 손바닥으로 눌러 붙일 수 있다.

**Souffler** 수플레 : 반죽을 구우면서 부풀게 하다. 내부의 질감은 가볍고 공기층을 함유하게 된다.

**Suc(s)** 쉭 : 음식을 가열해 익힐 때 용기의 안쪽 면에 눌어붙어 캐러멜화한 당질.

**Suer** 쉬에 : 채소를 익힐 때 수분을 배출시켜 제거하다.

**Suprême** 쉬프렘 : 닭 날개 뼈에 붙어 있는 가슴살.

**Tailler** 타이예 : 재료를 썰다.

**Tamiser** 타미제 : 재료를 체망에 넣고 흔들거나 긁어내려 덩어리 진 부분을 풀어주고 불순물을 걸러내다.

**Toaster** 토스테 : 식재료를 굽다. 일반적으로 빵을 구울 때 사용하는 용어이다.

**Tomber** 통베 : 혼합물을 시럽 농도가 될 때까지 졸이다.

**Torréfier** 토레피에 : 기름을 첨가하지 않고 재료(밀가루, 커피원두, 헤이즐넛 등의 견과류)를 오븐에 넣어 로스팅하다.

**Tourner** 투르네 : 채소의 모서리를 둥글게 다듬으며 보기 좋은 모양으로 돌려깎다.

**Travailler** 트라바이예 : 반죽 또는 혼합물을 세게 치대거나 저어 섞다.

**Vanner** 바네 : 혼합물이나 크림 표면에 막이 생기지 않도록 주걱으로 잘 저어 섞다.

**Velouté** 블루테 : 크림을 넣은 걸쭉한 수프(달걀노른자를 넣어 리에종한다).

**Vider** 비데 : 가금류나 생선의 내장을 제거하다.

# 레시피 찾아보기

# 기본 준비과정 찾아보기

# 고메즈 셰프의 지침과 조언

### 셰프의 복장 LA TENUE DU CHEF

요리사에게 있어 언제나 올바른 조리복장을 갖춰 입고 깨끗한 상태를 유지하는 일은
매우 중요하다. 셰프 재킷은 매일 갈아입어야 하며 최대한 구김 없이 다려 입어야 한다.
개인적으로 오염이나 자국이 쉽게 눈에 띄는 흰색을 선호한다. 그 외에 목 스카프, 주방용
모자뿐 아니라 조리복이 더러워지는 것을 막는 앞치마를 착용해야 한다.
물기로 인해 바닥은 미끄러지기 쉽고 무거운 도구들이 떨어질 수 있는 등, 조리 공간에는
여러 종류의 위험이 존재한다. 이러한 이유로 주방에서는 항상 발등 덮개가 튼튼하고
안전한 조리화를 신어 발을 보호해야 한다. 또한 신발을 주기적으로 왁스로 닦아 언제나
청결하게 유지한다. 남성 요리사들은 언제나 깔끔하게 면도하는 것이 중요하고 턱수염이
있는 사람은 짧게 잘라야 한다. 요리사의 용모나 복장 상태를 보면 그가 주방에서 어떤
방식으로 작업에 임하는지 알 수 있다는 점을 잊지 말자.

### 위생 수칙 LES MESURES D'HYGIÈNE

복장과 마찬가지로 요리사들의 작업 상태 또한 청결하고 꼼꼼하게 다루어져야 한다.
제철에 나는 신선한 재료를 우선적으로 사용하는 것이 좋으며 냉장상태 운송 및 보관
체인이 끊어지지 않도록 주의해야 한다. 이는 식중독을 미연에 예방할 수 있는 가장
확실한 방법이다. 손톱은 언제나 짧고 청결하게 유지하며 가능한 자주 씻는다.
몇몇 특수한 작업과정 중에는 장갑(사용 후 버린다) 착용을 권장한다.
요리사는 이동과 이주에 따라 작업 환경이 바뀔 수 있다. 어느 나라에서 근무하게 되든지
나라마다 다르게 시행되는 위생 규정을 정확히 파악하여야 한다. 이러한 규칙들은
끊임없이 업데이트되고 있으니 항상 면밀하게 신경써서 검토하고 확인해야 한다.

### 도구 및 장비 LE MATÉRIEL

조리 도구와 장비를 항상 꼼꼼히 관리하는 것은 반드시 지켜야할 사항이다. 또한 성공적인
요리를 위해 가장 적합한 조리도구를 선택하도록 한다. 좋은 재료를 잘 썰기 위한 좋은 칼,
조리방식과 양에 적당한 냄비 등을 적절히 선택한다.
조리도구 및 장비 또한 제품의 성능이 나날이 발전하고 있다. 이러한 변화에도 항상
관심을 갖고 새로운 기술에 적응하는 태도를 갖는 것이 바람직하다. 이렇게 함으로써
시간을 절약할 수 있을 뿐 아니라 작업의 효율성도 높일 수 있다.

## 식재료 LES PRODUITS

종종 언급하지만, 요리에서 가장 중요한 요소는 재료의 선택이다. 제철에 나는 좋은 품질의
재료를 구하기 위해서는 전문가를 믿고 구입하는 것이 좋다(채소 재배자, 생선 판매점,
정육점 등). 이들은 전문성을 살려 좋은 제품을 추천해줄 것이다.
재료의 맛을 최적화하기 위해서는 보관 또한 매우 중요하다. 시행되고 있는 해당 법령에
따르면 유럽연합 표준에서는 생선(생물) 및 기타 어류의 경우 최대 0~2℃, 육류와
가금류는 4℃, 매우 상하기 쉬운 채소류 식품 또한 4℃, 그 외 상하기 쉬운 식재료는 8℃
에서 냉장 보관하도록 규정하고 있다.
특히 냉장운송(콜드체인) 시스템을 항상 유지해야 한다. 이 라인에서 단 몇 분이라도
공백이 생기면 위생상의 문제가 발생할 수 있을 뿐 아니라 식품의 조직이 손상될 수 있고
익혀서 최종 서빙하는 과정에도 변질을 초래할 수 있다. 각 재료는 사용하기 전 준비
작업을 철저히 해두어야 한다. 과일이나 채소는 충분한 시간을 들여 깨끗이 씻고 생선이나
가금류도 철저하게 손질하여야 하며 고기도 올바른 방법으로 밑 작업을 해둔다.

## 낭비 줄이기 MES CONSEILS ANTI-GASPILLAGE

모든 자연의 생산물이 우리 식탁에 올라올 수 있도록 수고한 사람들을 생각하며 식재료의
낭비를 최소화할 수 있도록 항상 노력해야 한다. 따라서 재료를 최대한 효과적으로
활용할 수 있는 기술과 레시피를 채택한다. 다듬고 남은 자투리나 남은 음식은 버리지
말고 적절하게 활용한다. 예를 들어 소 재료를 만들거나 수프, 다져서 사용하기, 채소 퓌레
등으로 사용할 수 있으며 테린의 재료로 쓰기도 한다.
마지막으로 식재료 장을 볼 때는 필요한 만큼만 구입한다. 당장 필요 없는 것을 너무 많이
사지 않도록 주의한다. 프랑스에서는 구입한 식재료의 40%가 버려진다는 통계가 있다.
이것은 어마어마한 양이다. 필요한 양을 정확히 파악하는 것이 바람직하며 가능하면 제철
식품을 선택한다. 이것이 시간과 비용을 절약할 수 있는 길이다.

이상 열거한 나의 몇 가지 조언 이외에도 여러분 각자가 요리를 하면서 자신만의 팁과
요령을 보충해나가리라 기대한다.

# 감사의 말

연중 내내 열정적으로 수고하며 프랑스에서 가장 좋은 식품을 기르고 생산하고 선별하여 제공해주시는 생산자들께 감사를 드린다. 그분들이 안 계시다면 요리도, 요리사도 없다.

파리 조리학교에서의 실습 시절부터 엘리제궁에서 일했던 수많은 시간 동안 요리에 임하는 자신들의 태도, 열정, 기술, 비법과 애정을 전수해주신 셰프님들께 감사드린다. 이 책은 그들에게 헌정하는 선물이다.

모든 요리사들과 요리업계에 지대한 공헌을 베푸신 요리계의 양대 전설, 지금은 모두 세상을 떠난 폴 보퀴즈와 조엘 로뷔송 셰프에게 감사를 전한다. 나 자신도 이분들에게서 많은 것을 배웠다. 특히나 이 책의 서문 집필을 수락해주신 것에 대해서도 진심어린 감사를 드린다.

얼마 전 엘리제궁을 떠날 때까지 같은 주방에서 일했던 두 명의 수 셰프 세드릭 샤보디, 리오넬 베이예를 비롯한 모든 동료 요리사들에게 감사를 전한다. 이들 중 몇몇은 20년간 함께 호흡을 맞추었다.

이처럼 멋진 책을 출간해주신 셴(Chêne) 출판사 팀에게 감사를 전한다.
특히 파비엔, 로랑스, 사빈, 클레르, 발레리안, 엘마에게 고마운 마음을 전한다.
투철한 프로페셔널 정신으로 작업해주고 진행 내내 인내를 보여주신 알린에게 감사를 전한다.
이 책을 아름답게 매만져준 주디트 클라벨에게 감사를 전한다.
사진 작업을 담당한 장 샤를 바이앙, 이 책이 제때 나올 수 있도록 노력해준 친구 마르시알에게도 고맙다.
잊을 수 없을 만큼 멋진 표지 사진 촬영을 해주신 스테판 드 부르지 작가에게 감사를 전한다.

꼼꼼한 교정 작업을 해주신 마리 오딜과 카린, 실비에게도, 그리고 인내를 갖고 열심히 작업해준 니콜라와 엘리즈에게도 큰 감사를 전한다.

알렉시아 푸세 샤레르, 베르나르 비소네, 과수원 주인 생 튀스타슈, 아르마라, 앙리 파르투슈, 부슈리 니베르네즈 정육점과 이 책 제작에 도움을 주신 여러 브랜드(De Buyer, Duralex, Guy Degrenne, KitchenAid, Le Creuset, Microplane, Revol)에게도 감사의 인사를 드린다.

또한 앞으로 이 책에 자신들만의 비법과 조언, 일화, 레시피들을 추가할 이들에게도 미리 감사의 말씀을 전한다.

프랑스뿐 아니라 외국에서 진행한 여러 행사와 모임 등에서 함께 협업했던 여러 셰프들, 자원봉사 여러분들, 친구들, 아름다운 가족들… 나의 삶을 풍요롭게 해 주었던 모든 이들에게 감사를 전한다.

개인적으로나 직업적인 면에서 현재의 나를 만들어주신 '다섯 명의 J(José, Johny, Johnny, Joël, Jacques)'에게 특별한 감사를 전한다.

언제나 나의 선택을 지지해주시고, 요리라는 직업이 '아직 인기가 없던' 당시, 많은 이들의 반대를 무릅쓰고 이 진로로 나아가도록 허락해주신 나의 부모님께 감사를 전한다.

내 직업, 열정을 핑계로 자리를 비울 때마다 내가 너무도 많은 것을 요구하고 있는 사랑하는 이들에게 깊은 감사를 전한다.

# 협력업체

## 아틀리에 드 마르시알
### L'ATELIER DE MARTIAL

*L'Atelier de Martial*

100, rue de la Folie-Méricourt
-Paris 11e

생 마르탱 운하와 레퓌블릭 광장 사이, 19세기 옛 공장의 중정 한 구석에 위치해 소음과 행인들로부터 떨어져 있는 아틀리에 드 마르시알에서는 고품격의 프라이빗 식사 모임이나 연회 등이 진행된다.

예술가의 아틀리에를 연상시키는 큰 유리창으로 둘러싸인 오픈 키친에서 셰프는 언제나 손님들을 지켜볼 수 있다. 프랑스 요리 명장 마르시알 앙그아르(Martial Enguehard)는 이곳에서 넉넉한 웃음으로 손님들을 맞이하고 아틀리에 겸 다이닝 룸에서 직접 소통하며 맛있는 음식을 나눈다. 고객의 행복을 최고의 보람으로 여기는 그는 고급재료와 숙련된 기술이 돋보이는 정성어린 전통 요리들을 차려낸다. 프루스트의 마들렌처럼 손님마다 아끼는 추억의 음식이 있음을 잘 이해하는 이 셰프는 손님들의 요청에 최대한 부응하여 그들의 미식 추억을 소환하는 데 일조를 하고 있다.

올 스테인리스와 블랙스톤으로 이루어진 이곳의 주방은 따뜻하게 손님을 맞이하는 공간과 다이닝 홀을 향해 오픈되어 있다. 다이닝 홀에 준비된 큰 테이블에서는 8명에서 최대 20명까지 함께 식사할 수 있다. 코르시카 파트리모니오 출신의 세라믹 아티스트 쥘리앵 트뤼숑(Julien Truchon)이 제작한 접시에 장 필립(Jean-Philippe) 사의 마카사르 흑단 손잡이 나이프가 테이블세팅을 더욱 빛내주고 있다.

예약 모임의 규모와 특징에 따라 최적화된 공간을 준비해준다.

# 부슈리 니베르네즈
## LES BOUCHERIES NIVERNAISES

프랑스 제2제정시대에 정육 전문점이었으며 현재 엘리제궁의 고기 공급처인 부슈리
니베르네즈는 프랑스식 성공을 일구어낸 업장이라 할 수 있다. 여러 세대에 걸쳐 사업을
이어나가고 있는 비소네(Bissonnet) 가족은 1954년에 개업한 슈렌(Suresnes)의 작은
상점을 샹젤리제, 정부 부처, 고가구상, 프랑스 럭셔리 매장들이 몰려 있는 일명 파리 골든
트라이앵글의 중심으로 이전한다. 포부르 생토노레 거리에 본점이 생긴 이후 베르사유,
라 빌레트, 오페라 광장 등 주요 거점 지역에 지점을 오픈하는 등, 새로운 매장들을 확대해
열었다. 또한 2015년에는 전 세계에 식품을 공급하는 마법의 장소가 된 세계 최대의
도매시장 에이 레 로즈의 렁지스(Rungis) 마켓에도 매장을 운영하게 된다.

이들이 비즈니스 감각을 이야기할 때는 한 방향에 초점을 맞춘다. 언제나 더 먼 미래를
내다보며 그들의 우수함을 전파하는 일이다. 이들의 장점은 아티장 전문가이자 상공인
신분임을 잊지 않고 이 기업을 이뤄왔다는 점이다. 결국 초창기 슈렌에서부터 이미 간직했던
기업 정신을 그룹 내에서 계속 지켜나가고 있다. 이는 바로 모든 결정을 가족과의 협의 하에
내리는 즐거운 열정인 것이다.

고기 분할부터 요리가 접시에 오르기까지 비소네 가족은 프랑스의 맛을 만들어낸다. 그들은
파리의 최고급 호텔, 미슐랭 스타급 파인다이닝 레스토랑, 각 정부부처 주방, 비스트로
관계자 및 맛있는 고기 애호가들에게 최상급의 정육을 공급한다. 식재료를 다루는 일과
기술을 요하는 작업의 경계를 넘나들며 수행하고 있는 부슈리 니베르네즈는 이 분야에서
탁월한 브랜드 입지를 차지하고 있다.

이러한 성공의 이유는 무엇일까? 실제로 이러한 거대한 결과는 아주 작은 이유에서
비롯한다. 그들이 배운 것, 즉 직업에 대한 애착과 노하우, 좋은 품질의 식품을 선택하는
안목, 생산품에 대한 존중에 주의를 기울인다는 점이다.

이 가족은 전통과 노하우의 계승을 중요하게 생각한다. 여러 명의 수련생이 이 업체에서
경험을 쌓았으며 오늘날 200여 명의 직원이 전통을 이어나가고 있다. 매일 동이 트기 전
식품을 탑재한 미니 트럭들이 프랑스뿐 아니라 외국 배송을 위해 출발하고 있으며 계속
이어질 열정 가득한 역사의 한 순간을 장식하고 있다.

# 레 베르제 생 퇴스타슈
## LES VERGERS ST EUSTACHE

35년 전 로베르 모리스(Robert Morice)가 파리의 유명한 몽토르괴이 동네에 문을 연 채소 상점 레 베르제 생 퇴스타슈는 2000년대에 들어 메종 샤레르(Maison Charraire)에 병합되었다.

최상급 품질의 채소 과일 유통 전문인 이 업체는 프랑스뿐 아니라 국제적으로도 유명한 셰프들이 애용하는 공급처의 대표주자가 되었다.

베르제 생 퇴스타슈는 식재료에 관한 한 매우 까다롭고 좋은 재료 확보를 원하는 셰프들의 요구에 부응하여 이에 맞춘 서비스를 제공하고 있다.

이 업체는 15년간 현대적이고 합리적인 농경재배에 투자한 생산자들과 긴밀히 협력해오고 있다. 현재 대표를 맡고 있는 알렉시아 푸셰 샤레르(Alexia Foucher-Charraire)가 2014년 알랭 코앵(Alain Cohen)과 함께 '르 콩투아르 데 프로뒥퇴르(le Comptoir des Producteurs)'를 창업한 이래 이러한 발전은 더욱 가속화되었다. 채소 과일을 전문으로 판매하는 이 업장은 프랑스 시골에서 수급한 최우수 품질의 생산품들을 제공하고 있으며 생산자로부터 직접 소비자에게 공급하는 시스템을 고수하고 있다.

베르제 생 퇴스타슈는 생물 다양성을 존중하며 자신들이 농사를 짓는 테루아의 풍요로움을 소중히 여기는 의식 있는 생산자들에게 선순환을 제공하기 위해 오늘도 꾸준히 노력하고 있다. 특히 요리사들에게 가장 좋은 생산품들을 제철에 공급하고 있다.

# 아르마라

## ARMARA

아르마라의 주인공은 무엇보다도 바다에서 나는 최고의 산물에 열정을 갖고 일하는 사람들이다.

미셸 샤레르(Michel Charraire)는 2006년 자연환경을 존중하고 지속가능성을 확보할 수 있는 좋은 품질의 수산물 유통 선두주자를 키우겠다는 야심을 갖고 아르마라를 인수했다.

아르마라는 매일매일 프랑스뿐 아니라 국제 시장에서 고객들에게 최선의 노하우를 제공한다는 목표를 갖고 중요한 역할을 수행하고 있다. 또한 협업하고 있는 공급업자들 중에서 선별한 최상급 생선과 갑각류 해산물로 훌륭한 식사를 제공하고 있다. 특히 작은 어선에서 낚시한 생선, 갑각류, 조개류 등을 폭넓게 공급하고 있다.

안정적인 자연산 생선 공급과 생산자 직거래 유통 확대를 위해 이 업체는 에텔 에 로리앙(Etel et Lorient)의 생선 도매장인 질 제고(Gilles Jégo)와 협력하고 있다. 아르마라의 직원들은 생산 이력 추적이 통제, 관리되고 품질이 인증된 최고급 노르웨이산 연어 또한 취급하고 있다.

언제나 고객들의 만족과 맞춤형 주문에 최선을 다해 부응하기 위해 세심한 노력을 기울이고 있다.

# 참고문헌

몇몇 레시피에 대해 더욱 심화된 지식을 얻고자 한다면 다음의 필독서를 참고하기 바란다.

*Le Guide culinaire*, Auguste ESCOFFIER, Paris, Flammarion, éd. 2009, 960 p.

*La Cuisine du marché*, Paul BOCUSE, Paris, Flammarion.

*Pâtisserie*, Philippe URRACA, Paris, Le Chêne, 2016, 504 p.

*La Cuisine de référence*, Michel MAINCENT, Clichy, BPI, éd. 2015, 1140 p.

*Le Larousse gastronomique*, Prosper MONTAGNÉ, Paris, Larousse, éd. 2001, 1216 p.

*Le Répertoire de la cuisine*, Théodore GRINGOIRE et Louis SAULNIER, Paris, Flammarion, éd. 2010, 240 p.

엘리제궁 요리사 기욤 고메즈의 프랑스 요리 교실
1판 1쇄 발행일 2021년 9월 15일
지은이 : 기욤 고메즈
사   진 : 장 샤를 바이양
번   역 : 강현정
발행인 : 김문영
펴낸곳 : 시트롱 마카롱
등   록 : 제2014-000153호
주   소 : 경기도 파주시 책향기로 320, 2-206
페이지 : www.facebook.com/citronmacaron @citronmacaron
이메일 : macaron2000@daum.net
ISBN : 979-11-969845-5-7 03590